CAHIERS D'ÉTUDES MÉDIÉVALES

II

La science de la nature : théories et pratiques

Les *Cahiers d'études médiévales* sont publiés avec la participation des Facultés de Théologie et de Philosophie des Jésuites au Québec.

Le présent ouvrage a été publié grâce à une subvention accordée par le Conseil Canadien de Recherches sur les Humanités, dont les fonds ont été fournis par le Conseil des Arts du Canada.

Institut d'études médiévales
Université de Montréal

CAHIERS D'ÉTUDES MÉDIÉVALES

II

La science de la nature : théories et pratiques

Bellarmin
Montréal

J. Vrin
Paris

1974

Dépôt légal — 4e trimestre 1974 — Bibliothèque Nationale du Québec

ISBN 0-88502-180-0

TABLE DES MATIÈRES

* * *

ONT COLLABORÉ À CE *Cahier*

John E. MURDOCH, Professeur au Department of History of Sciences (Harvard University, U.S.A.).

Carlos. A. RIBEIRO DO NASCIMENTO, Professeur à Saô Paolo (Brésil).

Guy-H. ALLARD, Professeur à l'Institut d'études médiévales (Université de Montréal).

John B. FRIEDMAN, Professeur au Department of English (University of Illinois, U.S.A.).

Claude GAGNON, Professeur au département de philosophie (Collège Edouard-Montpetit, Montréal).

POUR DISSIPER UN MALENTENDU...

On a cru et on croit encore malheureusement que l'avènement de la science est de date récente. Au dire de certains, ce qui ne correspond pas au concept moderne et univoque de « science », ne mérite pas de figurer dans une histoire des sciences et ne peut en aucune façon prétendre au statut scientifique. L'historien est obligé de raisonner tout différemment. Sensible à la mouvance des problématiques à travers les cultures, soucieux d'étudier plutôt les sociétés en synchronie qu'en diachronie, l'historien est tout aussi attentif à l'analogie qu'à l'univocité des situations et des épistémologies ; par-delà la continuité et l'unité postulées d'une histoire des sciences, il s'arrête surtout à la diversité, à la spécificité et à la discontinuité de cette même histoire. On peut bien dire, par exemple, que l'alchimie est une « pré-chimie » ; c'est une affirmation « commode » mais pas très éclairante — reconnaissons-le — ni pour la compréhension de l'alchimie, ni pour la connaissance de la chimie. Heureusement, des affirmations de ce genre — elles ont eu leur parallèle dans certains axiomes ethnologiques (« l'âge primitif est un âge pré-logique ») — commencent à être remises en question. Il est bien évident que la physique médiévale, pour prendre un autre exemple, ne répond pas aux mêmes interrogations ni ne résout celles-ci de la même manière que celle de Newton ou d'Einstein. Doit-on, pour autant, la disqualifier comme science ?

La science médiévale se présente comme un savoir (*scientia*) qualitatif portant aussi bien sur l'observation des choses (*res*) que sur leurs raisons (*rationes*). Elle vise d'abord à observer *toutes* les choses : la nature comme totalité (*natura*), ses parties intégrantes, les plantes (plantaires), les animaux (bestiaires, monstres), les pierres (lapidaires), les astres (astrologie). Même l'examen de Dieu (la *res* suprême) s'élaborera selon les lois et les exigences d'une science (*theologia*). Par contre, la science médiévale sera plus qu'une observation « naïve » des choses ; elle finira par manifester l'ambition de vérifier les interprétations théoriques des phénomènes (*experientia*). En certains cas même, elle mettra au point des techniques et des instruments de manipulation qui comportent des traits d'une véritable technologie. C'est dans ce contexte qu'apparaissent les sciences intermédiaires (*scientiæ mediæ*). En d'autres mots, la science médiévale est non seulement un savoir théorique mais, pour une part également, un savoir appliqué. Il importe de rappeler ici une évidence qu'on est trop souvent porté à oublier : la science médiévale n'a pas connu les dichotomies science/technique, sciences positives/sciences de l'homme, langage qualitatif/langage quantitatif ; sa ramification des sciences n'est pas la nôtre.

Ce *Cahier* traitant de « la science de la nature » veut témoigner de l'existence et de la présence de la science dans la culture et la société médiévales. La recherche historique sur le moyen âge s'est assez peu attardée à ce genre d'études avec la conséquence que, laissé en friche, cet aspect du moyen âge a suscité peu d'intérêt : les manuels d'histoire du moyen âge qui considèrent la science médiévale comme une partie intégrante et indispensable de la culture de l'époque, se comptent sur les doigts de la main. De là le malentendu possible ! Il reste à souhaiter que notre civilisation hautement scientifique et technique nous donne le goût d'inventorier davantage l'héritage scientifique du moyen âge et, partant, d'en reconstruire une image plus équilibrée et plus complète.

Guy-H. Allard — Jacques Ménard
Institut d'études médiévales
Montréal.

NAISSANCE ET DÉVELOPPEMENT DE L'ATOMISME AU BAS MOYEN ÂGE LATIN

John E. Murdoch

Selon les critiques d'Aristote, l'atomisme de Leucippe et de Démocrite, bien que le plus encourageant, voire le meilleur des systèmes de philosophie naturelle d'avant Socrate, était néanmoins incapable de fournir une explication satisfaisante du monde physique. L'opposition d'Aristote à ses deux prédécesseurs ne résume pourtant pas toutes ses critiques contre les conceptions atomistes. Dans le sixième livre de la *Physique,* il exige qu'aucun continu — d'espace, de temps ou de mouvement — ne se compose d'indivisibles, la structure atomiste, non seulement des corps sensibles, mais de toute grandeur en général, étant, selon Aristote, inadmissible. Donc, si par sa réfutation de l'hypothèse de Leucippe et de Démocrite Aristote avait désavoué un atomisme physique, par ses arguments du sixième livre de la *Physique* en faveur de la continuité absolue de toute grandeur étendue, il avait également écarté avec rigueur toute possibilité d'un atomisme mathématique et ainsi, pour ne citer que les exemples décisifs, toute possibilité de la création d'une ligne par des points successifs ou d'un espace de temps par des instants successifs. C'était contre ceci, contre la substance même du sixième livre de la *Physique,* et non pas contre l'opposition d'Aristote à Démocrite, qu'allait réagir l'atomisme qui apparut à la fin du moyen âge.

Cependant, les doutes du quatorzième siècle en face de l'opposition rigide d'Aristote à un atomisme mathématique n'étaient pas les premiers à apparaître sur ce point dans la philosophie médiévale. Du moins, ils ne l'étaient pas si nous comprenons dans l'étendue du même mouvement philosophique l'Islam aussi bien que la Chrétienté. Car, dès le neuvième siècle, des théologiens mutazilites adoptaient l'idée d'atomes sans extension [1]. Le mobile qui les poussait à épouser un tel atomisme était évidemment leur désir d'assurer la toute-puissance de Dieu, de faire disparaître les liens de causalité du monde naturel pour les rapporter à Dieu lui-même. Ils réalisèrent ce désir par l'affirmation d'un atomisme temporel qui soutenait que toute existence ne pouvait être qu'instantanée et donc que les rapports entre les choses matérielles, voire leur identité même dans le temps, ne pouvaient provenir que du mécanisme particulier d'une création divine constamment renouvelée. Pour ces premiers théologiens islamiques, l'atomisme fondamental était donc un atomisme temporel, mais conçu de telle sorte qu'il semble avoir entraîné, presque comme un corollaire naturel, l'affirmation d'un atomisme spatial. Tout corps, toute grandeur se composait de points sans extension. Ici ils réagissaient directement contre l'opposition d'Aristote à un atomisme mathématique. Généralement, il leur fallait expliquer comment ces atomes sans extension pouvaient composer un corps de quelque grandeur que ce soit. Notre doxographie démontre que le théologien mutazilite atomiste, dans ses efforts pour fournir de telles explications, consacrait beaucoup de soins au problème du contact ou de la juxtaposition des indivisibles, à la question de savoir combien d'indivisibles pouvaient toucher un indivisible donné et à l'énigme du nombre minimal de points-atomes nécessaire pour composer le plus minuscule des corps matériels [2]. Comme nous pourrons le percevoir mieux par ce qui suit, dans ces réflexions particulières, les savants islamiques ne faisaient que suivre un ordre d'exposition nécessité par les arguments persistants et pénétrants d'Aristote contre la possibilité même de la doctrine à laquelle ils adhéraient, c'est-à-dire, de l'atomisme mathématique sous toutes ses formes.

En effet, l'autre aspect physique important dans ce premier atomisme islamique semble être dérivé aussi d'une réaction contre Aristote. Car ces penseurs croyaient en la discontinuité absolue du mouvement ; les corps allaient par sauts. Leur façon d'exprimer cette théorie fort étonnante peut bien nous rappeler ce qui, selon les commentateurs grecs d'Aristote, était la réplique d'Épicure aux

1. Pour cet atomisme islamique, voir Salomon PINES, *Beiträge zur islamischen Atomenlehre,* Berlin, 1936, et Albert NADER, *Le système philosophique des Mu'tazila,* Beyrouth, 1956.

2. S. PINES, *op. cit.,* p. 6-10 ; A. NADER, *op. cit.,* p. 150-154.

arguments du sixième livre de la *Physique,* arguments qui prétendaient prouver la continuité du mouvement [3]. Il fallait répondre à ces arguments si, comme les théologiens mutazilites, on voulait sérieusement imposer une structure atomiste à la nature.

Pourtant, après avoir indiqué l'existence de ce premier atomisme médiéval venu de l'Islam primitif, il faut admettre qu'il semble n'avoir exercé aucune influence sur le développement de l'atomisme occidental et chrétien de la fin du moyen âge. Il est vrai, bien entendu, que les principaux ouvrages arabes qui témoignaient de cet aspect particulier de la pensée mutazilite n'avaient jamais été traduits en latin. Mais la traduction latine du *Guide des égarés* de Maïmonide expose nettement leur théorie dans ce que Maïmonide appelait les douze propositions des *Mutakallimun* (ou des *Loquentes*) [4]. Je n'ai jamais trouvé, cependant, aucun atomiste médiéval — ni même aucun adversaire d'un tel atomiste latin — qui fasse mention de Maïmonide dans un tel contexte. À vrai dire, l'unique point de contact entre le premier atomisme islamique et l'atomisme chrétien ultérieur se trouve non dans les conceptions ou dans les arguments qui soutenaient la doctrine atomiste, mais au contraire dans les arguments proposés par Avicenne (et rapportés par Al-Ghazzali) *contre* une telle doctrine [5]. De plus, on voyait dans de tels arguments simplement des *confirmationes* de la position aristotélicienne et non pas des réfutations d'un système d'atomisme mathématique qui, à bien des égards, se rapprochait de celui qui allait survenir au quatorzième siècle dans les cercles scolastiques. En réalité et en dépit des ressemblances entre ces deux atomismes, nous sommes obligés de considérer comme une création indépendante le développement de l'atomisme à la fin du moyen âge. Bien sûr, l'atomisme chrétien du quatorzième siècle répétait, dans maints détails, l'atomisme islamique du neuvième. Mais pourquoi pas ? Ces

---

3. Ceci est suggéré par le rapprochement des textes cités par NADER, *op. cit.*, p. 169-174 avec les *testimonia* dans Hermann USENER, *Epicurea*, Leipzig, 1887, p. 197-199.

4. MAÏMONIDE, *Le guide des égarés*, I, ch. 73, éd. et trad. S. MUNK, vol. 1, Paris, 1856, p. 375-419.

5. ALGAZEL, *Metaphysics*, éd. J. T. MUCKLE, Toronto, 1933, p. 10-13. Les arguments originaux (non traduits en latin au moyen âge) se trouvent dans AVICENNE, *Kitab al-Shifa*, Téhéran, 1886, vol. 1, p. 85-92 : cf. AVICENNE, *Le livre de science*, trad. M. ACHENA et H. MASSE, Paris, 1955, vol. 1, p. 99-104.

deux atomismes s'opposaient à un même texte qui leur servait de base commune : le sixième livre de la *Physique* d'Aristote.

Tournons-nous, dès lors, vers l'Occident latin et vers le deuxième atomisme mathématique du moyen âge. D'abord, en guise d'introduction, commençons par une courte liste des personnages.

Henry de Harclay, chancelier de l'Université d'Oxford en 1312, fut peut-être le premier de ces atomistes chrétiens [6]. Il détailla son opposition à Aristote dans une *questio* dont le début mettait en doute la possibilité de l'éternité future du monde, mais dont le corps posait les problèmes des infinis inégaux et de la composition des *continua* [7]. Peu après l'ouvrage de Harclay, Oxford fut témoin d'une deuxième défense de l'indivisibilisme, cette fois de la part du franciscain Walter Chatton [8], qui, probablement en 1323, inclut dans le deuxième livre de son *Commentaire sur les Sentences* un examen fouillé du problème du continu [9]. Grâce aux défis qu'ils portaient à la proscription aristotélicienne de l'atomisme, Harclay et Chatton furent presque immédiatement en butte à des critiques lancées par d'autres philosophes et théologiens anglais [10].

Pourtant, au moment même où se préparait et s'exécutait la réfutation de ces deux premiers atomistes, on écrivait en Europe, indépendamment semble-t-il, des traités également de tendance indivisibiliste. Gérard d'Odon [11], ministre général de l'Ordre fran-

---

6. Pour Harclay voir les références dans A.B. EMDEN, *A Biographical Register of the University of Oxford to A.D. 1500,* Oxford, 1957, 1959, vol. 2, p. 874-875.

7. *Utrum mundus poterit durare in eternum a parte post : MSS Firenze, BN fondo principale, II. II. 281,* 94r-101v ; *Tortosa, Catedral 88,* 82r-94v. J'ai préparé une édition de cette question, aussi bien que des questions ou traités de Chatton, Alnwick, Gérard d'Odon, Bradwardine, Bonettus, Johannes Canonicus, Wodeham et Scot cités ci-dessous.

8. Voir L. BAUDRY, *Gauthier de Chatton et son Commentaire des Sentences,* dans *Archives d'histoire doctrinale et littéraire du moyen âge,* 14 (1943-1945), p. 337-369 et EMDEN, *op. cit.,* vol. 1 p. 395-396.

9. Liber II, dist. 2, quest. 3 : *MSS Paris, BN Lat. 15887,* 93r-96r ; *Firenze, BN conv. sopp. C.* 5.357, 187v-190r. Cf. J. E. MURDOCH et E.A. SYNAN, *Two Questions on the Continuum : Walter Chatton (?), O.F.M. and Adam Wodeham, O.F.M.,* dans *Franciscan Studies,* 26 (1966), p. 212-288.

10. Surtout les critiques de William de Alnwick, Thomas Bradwardine et Adam Wodeham. Voir plus loin les notes 21, 41 et, pour Wodeham, l'article cité dans la note précédente.

11. Voir *Dictionnaire de théologie catholique,* vol. 11, col. 1658-1663 et *Histoire littéraire de la France,* vol. 36, 1927, p. 203-225.

ciscain en 1329, s'était uni à Harclay et à Chatton quand il avait affiché l'indivisibilisme dans son *Commentaire sur les Sentences* de Pierre Lombard. Même, il trouvait si importante sa résolution de la question de la composition possible des continus par indivisibles qu'il l'a deux fois exposée dans son *Commentaire* [12]. Bien que Gérard, à la suite de ses prédécesseurs atomistes anglais, dût susciter une ample critique de sa position dans l'ouvrage de son confrère franciscain, Johannes Canonicus [13], il allait également obtenir l'appui d'un membre de son Ordre, de Nicolas Bonettus, qui non seulement optait pour une réponse non-aristotélicienne à la question qui nous concerne, mais aussi suivait Gérard de bien près, souvent mot pour mot, dans la formulation de cette réponse [14].

Les ouvrages de ces quatre atomistes, deux anglais et deux européens, joints aux traités et aux *questiones* présentés comme réponses à leurs prétentions, forment, bien sûr, un ensemble considérable de littérature sur la question de la composition des continus, corps dont tous les ouvrages datent du premier tiers du quatorzième siècle. Le nombre de ces ouvrages n'est pas, pourtant, l'unique aspect significatif ; leur substance est d'une égale importance. Car toute l'histoire de l'atomisme au quatorzième siècle et, semble-t-il, à la fin de la scolastique en général, dérive, dans la plupart de ses aspects, de l'œuvre de Harclay, de Chatton, de Gérard d'Odon et de Nicolas Bonettus, aussi bien que des écrits occasionnés par leurs conclusions atomistes. Il y a, bien entendu, des philosophes et des ouvrages antérieurs qui sont également décisifs dans cette histoire, mais toute cette matière se trouve exposée et développée, souvent en grand détail, dans cet ensemble d'œuvres du quatorzième siècle. À partir de ces écrits seuls, on peut facilement construire, à mon sens, presque toute l'histoire de l'atomisme à la fin du moyen âge. Je ne pourrai pas, bien entendu, étudier cet ensemble dans toute sa complexité. Je serai, au contraire, obligé de con-

---

12. Liber I, dist., 37 : *MSS Napoli, BN VII, B.25,* 234-v-244v ; *Valencia, Catedral 139,* 120v-125v ; *Sarnano E.98,* 102r-108r. La même question est traitée pour la deuxième fois à la fin du Lib. II : *MSS Valencia, Cated. 200,* 100r-104v ; *Klosterneuburg, Stiftsbibliothek 291,* 155r-161v ; *Sarnano E.98,* 195v-201v.

13. JOANNES CANONICUS, *Questiones super octo libros physicorum,* Venise, 1481, Lib. VI, q.1.

14. NICOLAS BONETTUS, *Liber predicamentorum,* Venise, 1505, *cap. de quantitate.*

denser toute cette matière ; mais j'espère que ce résumé donnera néanmoins une idée de l'ensemble.

D'abord, on ne devrait pas oublier que la tâche principale de tout atomiste médiéval, fût-il Henry de Harclay ou le représentant d'une tendance ultérieure, tel Gérard d'Odon, restait celle de formuler une réponse satisfaisante aux arguments aristotéliciens contre la composition des continus par des indivisibles. Aristote avait clairement démontré qu'une telle composition des continus devait nécessairement s'altérer, non seulement parce que les indivisibles ne peuvent être continus, mais principalement parce qu'ils n'ont aucun moyen de se toucher, d'établir un contact mutuel [15]. C'est-à-dire que, pour soutenir l'existence de la structure indivisibiliste d'un continu, il faut pouvoir expliquer les moyens exacts par lesquels les indivisibles constituants sont liés entre eux. Mais Aristote nous avertissait qu'il n'y avait aucun « moyen de contact » possible qui pût en même temps rendre compte du continu étendu que de tels indivisibles devaient composer. En termes médiévaux : *si indivisible additur indivisibili, non facit maius.* Cela étant donné, l'atomiste du quatorzième siècle commençait d'habitude par tourner l'argument d'Aristote en découvrant et établissant pour les indivisibles un « moyen de contact » qui ne serait pas objet de l'attaque aristotélicienne.

Nos atomistes accordaient donc à Aristote que, si deux indivisibles occupent le même lieu (*sunt in eodem situ*), leur contact ne s'étendra pas au-delà de la grandeur zéro d'un seul indivisible (*non faciunt maius*) [16]. Cependant, pour employer la terminologie ato-

---

15. *Physique,* VI, I, 231a21-b6.

16. Par exemple, HARCLAY, *Quest. de infinito et continuo* [*vide supra,* note 7] (*MSS Tortosa 88,* 89r ; *Fir. BN II. II. 281,* 98r-v) : « Set, licet hec responsio sufficeret ad hominem, non tamen est realis responsio. Et ideo pono aliam et dico quod indivisibile tangit indivisibile secundum totum, set potest hoc esse dupliciter : Vel totum tangit totum in eodum situ, et tunc est superposicio sicut dicit Commentator, et non faciunt infinita indivisibilia plus quam unum. Hoc modo infinita puncta, que sunt termini infinitarum linearum concurrencium in eodem puncto (puta in centrum a circumferencia venientes), quia omnes eundem situm retinent. Et tunc est superposicio unius super alium, et non facit unum cum alio plus quam unum per se, ut Commentator dicit. Et eodem modo puncta duarum linearum se secancium in puncto seccionis tenent eundem situm. Et ideo infinita puncta non faciunt magis extensive secundum situm, quia non nisi unum situm tenent. Eodem modo dico ego superficies vel corpora, in quibus sunt huiusmodi puncta, si essent applicata secundum eundem situm, non facerent aliquid magis ».

miste du quatorzième siècle, si deux indivisibles se touchent *secundum distinctos situs* ou *secundum differentias respectivas loci,* alors, en effet, ils produiront l'augmentation de grandeur nécessaire pour que de tels atomes composent un continu [17]. En effet, à l'intérieur de n'importe quel continu, les atomes ou les indivisibles sont, selon cette nouvelle signification du mot « contact », immédiatement contigus les uns aux autres et, ainsi, rendent possible la composition atomiste des grandeurs continues [18]. Certes, il est évident que l'invention de ces nouvelles méthodes de contact entre indivisibles était, à proprement parler, *ad hoc* ; les atomistes, au lieu de réfuter vraiment les arguments d'Aristote, mettaient en doute la question elle-même. Bref, le problème était que l'atome du quatorzième siècle étant un point sans extension, il était extrêmement difficile, sinon impossible, de construire aucune conception sensible du contact entre deux points mathématiques. D'un côté, tant qu'à additionner des points, autant valait ne rien additionner du tout ; de l'autre, parler de leur contact, c'était parler des éléments mathématiques en termes physiques. Pour que des points sans extension immédiatement posés les uns à côté des autres pussent constituer des *continua,* il fallait découvrir quelque analogue mathématique du contact physique. L'analogue existait — dans Euclide — et l'ingénuité scolastique arrivait à le trouver. Car Euclide, dans sa preuve de trois principaux théorèmes de congruence, emploie la technique suivante : il *applique* les figures géométriques les unes sur les autres, ou, pour employer les termes médiévaux, il *superpose* ces figures [19].

---

17. HARCLAY, *Quest. cit. (loc. cit. :* « Et ideo dico quod non propter indivisibilitatem quod unum indivisible sic additum indivisibili non facit maius extensive, set quia additur ei secundum eundem situm et (non) secundum distinctum situm. Si tamen indivisibile applicetur immediate ad indivisibile secundum distinctum situm, potest magis facere secundum situm. Et ego dico quod puncta duarum linearum se tangencium in confinio contactus habent distinctos situs (sicut ego probabo inferius), et ideo aliquid maius faciunt extensive ».

18. Pour HARCLAY, dans aucun continu il n'y a un nombre infini d'indivisibles en contact *secundum diversos situs,* donc ce continu est composé *ex infinitis indivisibilibus immediate se habentibus.*

19. L'axiome de congruence dans l'Euclide médiéval (la version de Adélard de Bath-Campanus de Novara) est ce qui suit : « Si aliqua res alii *superponatur* appliceturque ei nec excedat altera alteram, ille sibi invicem erunt equales ». Quand cet axiome est appliqué dans la démonstration des théorèmes de congruence (I, 4 = 8 ; III, 24), la version médiévale spécifie qu'elle est établie *ex superpositione.*

De telles figures, raisonnait l'atomiste médiéval, sont en contact mathématique ; donc, les lignes et les points dans ces figures sont également en contact mathématique. Et ce contact mathématique, ou cette superposition, appuyé par le plus estimé des géomètres qui faisait autorité au moyen âge, fournit précisément le type de rapport nécessaire aux points atomes pour composer des quantités continues [20]. On arrivait enfin à renverser les arguments d'Aristote, basés sur le problème du contact des points, par lesquels il avait combattu l'atomisme mathématique.

À un tel succès ne devait être pourtant accordée qu'une courte vie. Car, dans ce qui est peut-être le plus brillant des ouvrages anti-atomistes écrits au moyen âge, Thomas Bradwardine reprenait la clef que les atomistes venaient de découvrir [21]. Fellow du Collège de Merton au début du quatorzième siècle et ensuite pour quelque temps archevêque de Cantorbéry, Bradwardine accordait à ses adversaires indivisibilistes la notion bien respectable de la superposition comme moyen de contact entre leur atomes [22]. Mais ensuite, par une liste de propositions purement géométriques qui détaillent tous les cas de *superpositio* possibles pour des corps géométriques, il démontre que, dans aucun cas, les corps superposés ne forment

---

20. Cependant, ce que j'ai dit est trop simplifié. Car, avant Chatton et Bradwardine, la notion de la superposition des atomes signifie, non pas leur contact, mais plutôt leur identité (*esse unum* ou *esse in eodem situ indivisibili*). Cette interprétation, créée par les commentateurs grecs d'Aristote, était connue au moyen âge par les commentaires d'AVERROÈS sur la *Physique* (V, comm. 22 ; VI, comm. 2). Harclay et Gérard d'Odon adhéraient à la position averroïste, mais avec Chatton, et surtout avec Bradwardine, deux indivisibles superposés ne font plus que *unum indivisibile,* mais restent *duo indivisibilia,* distincts et en contact. J'ai détaillé les aspects les plus importants de ce développement dans *Superposition, Congruence and Continuity in the Middle Ages,* dans *Mélanges Alexandre Koyré,* Paris, 1964, vol. 1, p. 416-441.

21. Pour Bradwardine en général, voir *Dictionary of Scientific Biography,* vol. 2, New York, 1970, p. 390-397. Son œuvre fondamentale sur le continu est le *Tractatus de continuo (MSS Torun R. 4° 2,* p. 153-192 ; *Erfurt, Amplon. Q° 385,* 17r-48r), écrit après 1328 et probablement avant 1335. Bradwardine cite Harclay et Chatton (*Henricus modernus* et *Waltherus modernus*) comme adversaires.

22. *Tractatus de continuo, definitio 15* : « Lineam linee superponi partialiter vel totaliter est ipsam secundum longitudinem totius vel partis simpliciter sine medio adherere alteri » (*MSS cit.,* p. 153 = f. 17r). Bien que Bradwardine ne parle que des lignes (qui sont indivisibles en deux dimensions), la signification de *superpositio* est la même pour tous les indivisibles.

un continu [23]. Donc, si la superposition des indivisibles équivaut à leur contact, il est évident qu'un tel contact est incompatible avec la continuité, ce qui, à son tour, rend inadmissible toute conception atomiste d'un *continuum* composé *ex indivisibilibus immediatis.*

Cependant, même si l'atomiste médiéval pouvait négliger la destruction par Bradwardine de cette forteresse atomiste nouvellement dressée contre l'attaque aristotélicienne, il lui restait des adversaires encore plus redoutables à repousser. Ces agresseurs nouveaux attaquaient l'atomisme par des arguments mathématiques qui ne se trouvaient pas dans l'œuvre du Stagirite.

Pour le penseur scolastique, les origines de ces arguments pouvaient être trouvées dans la *Métaphysique* d'Algazel [24]. Bien que celui-ci n'en fût pas conscient, c'était Avicenne qui avait d'abord formulé ces arguments pour combattre les tendances atomistes des mutazilites. De même, le scolastique chrétien les employait contre l'atomisme qui surgissait de son temps. Mais ce n'était pas simplement l'autorité d'Algazel qui établissait l'habitude d'employer des arguments mathématiques contre l'indivisibilisme. La véritable source de leur popularité fut plus probablement Jean Duns Scot. Car la force et le prestige de ces arguments mathématiques s'accrûrent énormément quand Scot les employa comme sa principale arme contre l'atomisme dans le deuxième livre de son *Opus oxoniense* [25]. Donc Algazel et Scot fournissaient la base qui permettait, pour ainsi dire, une élaboration et une multiplication prodigieuse des arguments mathématiques pour combattre l'atomisme. Quelque fascinante et instructive que soit la variété de ces arguments, il suffit de détailler leurs points communs pour indiquer la nature de cette attaque, en grande partie non-aristotélicienne, contre l'atomisme.

Au fond, ce qui leur est commun à tous, c'est la tentative de faire ressortir les contradictions évidentes ou même implicites entre la géométrie et l'atomisme. La plus manifeste de ces contradictions apparaît, disait-on, dès le moment où l'on considère le problème de la division d'une ligne droite finie en deux parties égales. La géométrie exige que toutes ces lignes puissent être ainsi divisées. Et

---

23. Voir l'article cité à la note 20, p. 437-438.
24. *Vide supra,* note 5.
25. Liber II, dist. 9, quest. 2 : « Utrum angelus possit moveri de loco ad locum motu continuo ».

pourtant, cela est impossible si les lignes se composent d'un nombre fini de points. Car, si ce nombre est impair, l'atome du milieu sera divisé ; si le nombre est pair, il n'y aura pas de point moyen par lequel la division nécessaire puisse s'effectuer [26]. Bien que ce raisonnement n'atteigne que ceux qui voulaient maintenir la position extrêmement naïve de la composition de grandeurs étendues par un nombre fini d'atomes, l'usage d'un tel argument n'était pas entièrement frivole. Car il y avait des atomistes — Walter Chatton en était, par exemple — qui adhéraient à un tel finitisme naïf [27].

On trouve encore, parmi les tentatives pour révéler les contradictions entre la géométrie et l'atomisme, d'autres plus subtiles et de plus intéressantes qui emploient les techniques rudimentaires de la projection radiale et parallèle sur les plus simples des figures géométriques. Par exemple, des parallèles tracées entre tous les atomes de deux côtés opposés d'un carré détruiront l'incommensurabilité de la diagonale [28], tandis que la construction de tous les rayons de deux cercles concentriques, composés tous les deux d'indivisibles, mènera à la conclusion absurde que les deux cercles ont des circonférences égales [29]. Ces arguments de projection ont varié à l'infini dans les ouvrages des critiques de l'atomisme au quatorzième siècle. Au carré on substitue le triangle ou d'autres figures [30] ; aux cercles, des roues en rotation et des rayons [31]. Encore une fois,

26. Les premières versions de ces arguments se trouvaient, pour le moyen âge latin, dans la *Metaphysica* d'ALGAZEL (*éd. cit., supra* note 5, p. 11-12) où la division s'est effectuée par la motion des indivisibles.

27. CHATTON, *Comm. Sent.*, II, d. 2, q. 3 (*MSS Paris, BN lat. 15887,* 96r ; *Firenze BN, C. 5. 357,* 190r) : « Unde ... dico quod repugnantia in terminis est quod continuum aliquod finitum componatur ex partibus infinitis, id est, non tot quin pluribus ita quod nec per potentiam Dei possit esse status, quia tunc clauderet contradictionem quod excederentur ».

28. L'exposé classique de cet argument était donné par DUNS SCOT, *Opus Oxoniense,* II, dist., 2, quest. 9, éd. WADDING, p. 232.

29. Encore, la version de DUNS SCOT devient classique ; *op. cit.,* p. 230-232.

30. BRADWARDINE, *Tractatus de continuo* (*MSS Torun R. 4° 2,* p. 168 ; *Erfurt, Amplon. Q° 385,* f. 28v) : « Si sic [i.e., si continua componantur ex indivisibilibus], nullum triangulum nec circulum nec omnino angulum esse posse, et quinque famosa corpora et omnia geometricalia, non absque grandi geometrie at mathematice totius iniuria, deperire ».

31. Par exemple, la projection radiale est même à la base des arguments d'ALGAZEL *de rota mota* et *de umbra baculi facta per motum solis ; éd. cit., supra* note 5, p. 13.

de tels arguments se montraient efficaces contre l'atomisme finitiste ; mais il faut noter qu'on croyait ces arguments également valables dans le cas où un nombre infini d'atomes sans extension compose la figure ou la ligne géométrique en question. Pourtant l'argument de projection n'était vraiment efficace que dans le cas où l'on voyait les atomes qui composent la figure comme immédiatement attenants les uns aux autres aussi bien qu'en nombre infini. Car, pour citer un exemple classique, étant donné deux cercles concentriques, si on menait des rayons jusqu'à deux points contigus sur la circonférence du cercle extérieur, l'atomiste ne pouvait alors rendre compte des deux points où les rayons coupaient le cercle intérieur. Si les rayons coupaient deux points contigus, les rayons seraient parallèles, ce qui est absurde ; d'autre part, s'ils ne coupaient qu'un seul point, ils se seraient rejoints avant d'avoir atteint le centre commun aux deux cercles, ce qui est également absurde [32]. Il va sans dire qu'on étendait ce raisonnement par l'invention, en bonne forme scolastique, d'une variété multiple de tels arguments.

Pourtant, si on composait les grandeurs par une infinité d'atomes sans extension telle qu'entre ces atomes il existât toujours un tiers, l'argument médiéval de la « projection » s'avérerait peu concluant. Mais c'est là un jugement exprimé en termes modernes, et la plupart des savants médiévaux qui utilisaient l'argument contre ce type plus croyable d'atomisme infinitiste ne se rendaient pas compte du sophisme qu'ils commettaient. Car presque tous les scolastiques du quatorzième siècle ne comprenaient pas ce que nous reconnaissons aujourd'hui comme le trait fondamental d'un ensemble infini : à savoir, la possibilité de mettre les parties d'un tel ensemble dans un rapport bi-univoque avec celles d'un sous-ensemble propre à cet ensemble. On employait ces arguments de projection souvent dans une ignorance bienheureuse et, au fond, pardonnable, de ce trait fondamental des ensembles infinis. Maintes et maintes fois nous rencontrons un raisonnement tel que le suivant : si on trace toutes les parallèles entre l'infinité de points opposés sur deux côtés opposés d'un carré, les parallèles couperont la diagonale par la même infinité de points, ce qui implique, concluait-on toujours,

32. Duns Scot a fourni, une fois de plus, le modèle de cet argument pour tous les protagonistes dans le débat *de compositione continui* au quatorzième siècle ; *vide supra*, note 29.

que la diagonale égale le côté [33]. Ces critiques de l'atomisme mathématique ne comprenaient pas qu'on ne peut pas déduire l'égalité ou l'inégalité de grandeurs composées d'une comparaison de leurs parties constituantes quand le nombre de ces parties est infini. Mais cela revient à dire qu'on n'avait pas encore perçu la correspondance bi-univoque fondamentale entre un ensemble infini et un sous-ensemble infini.

Tout cela néanmoins renverse dans des termes modernes seulement quelques-uns des arguments mathématiques médiévaux contre l'atomisme. Il serait plus à propos de demander comment l'atomiste médiéval lui-même répondait aux attaques mathématiques qui lui furent adressées. En effet sa réponse d'habitude n'était pas propre à révéler ses meilleures qualités. Car l'atomiste était souvent forcé, presque naturellement, d'introduire des notions physiques impropres à la mathématique et, pire encore, de se montrer lamentablement incapable de comprendre la mathématique elle-même. Ainsi, on regardait l'intersection des lignes géométriques comme un croisement de deux bâtons [34] et on trouve des distinctions entre la « quan-

---

33. Un exemple classique est donné par WILLIAM DE ALNWICK, *Determinatio 2* (*MS Vat. Pal. lat. 1805*, f. 11v) : « Si linea componeretur ex punctis, diameter quadrati esset equalis coste, quod falsum est et contra sensum. Probacio consequencie : Coste quadrati sunt equales et per se componuntur ex punctis, igitur sunt equalia puncta utrobique. Volo igitur quod a singulis punctis unius coste (que sunt infinita) protahantur linee ad costam aliam sibi oppositam ad singula puncta opposita. Iste linee erunt sibi invicem equedistantes, et non potest inter istas intercipi nec punctus nec linea, quia procedunt equedistanter a punctis immediate se habentibus. Tunc sic : Iste linee transeunt per diametrum et secant eum. Aut igitur secant eum in omnibus punctis eius, aut non. Si in omnibus, igitur puncta diametri sunt equalia punctis coste, et per consequens costa et diameter sunt equales. Si dicatur quod ille linee que transeunt per diametrum non tangunt omnia puncta diametri, igitur aliquis punctus diametri intercipitur inter illas lineas. Set cum ille inee sint equedistantes, sequitur quod quantum intercipitur inter illas ex una parte tantum intercipitur inter illas ex alia parte, igitur ex parte illarum linearum qua coniunguntur coste potest punctus intercipi. Set hoc est contra positum, quia ille linee numerant omnia puncta coste ; igitur nullus punctus potest intercipi inter duas lineas protractas a duobus punctis inmediate se habentibus in costa ».

34. CHATTON, *Comm. Sent., loc. cit.*, (*MSS Paris, BN lat. 15887*, f. 94v ; *Firenze, BN C. 5.357*, f. 189r) : « Dico ergo quod sicut una virga cadens super aliam oblique plus tanget de ea quam si caderet super eam in directum per modum crucis, similiter in proposito quando linea iacet super lineam oblique sicud est de dyametro respectu linee tracte a costa in costam-plus vel plura puncta tanget quam si iaceret super eam directe ».

tité de matière » utilisée dans des intersections d'angle droit ou oblique [35]. D'autre part, nous trouvons même l'idée de l'incommensurabilité expliquée en fonction du concept purement arithmétique de nombres premiers entre eux [36]. Évidemment, bien que l'atomiste médiéval fût un atomiste mathématicien dans le sens qu'il soutenait toujours l'idée d'indivisibles sans extension, il restait incapable d'adapter son atomisme à un cadre mathématique.

Toute l'ingénuité et toute l'habileté mathématique appartiennent à l'aristotélicien, adversaire de l'atomisme, qui employait toute la force des *rationes geometrice* contre ses antagonistes. Car même s'il achoppait à cette difficulté de la qualité essentielle de l'infini, ses succès, malgré une telle critique de l'atomisme, restaient, surtout pour les hommes médiévaux, réels. Encore une fois, Thomas Bradwardine nous fournit un excellent exemple. Il composa son *Tractatus de continuo* comme une réfutation définitive de cet atomisme de Henry de Harclay et de Walter Chatton qui florissait à Oxford avant lui. La réfutation est toute mathématique. Car non seulement la forme du *Tractatus* est axiomatique, étant calquée sur les *Éléments* d'Euclide, mais aussi la partie principale de son argument contre les doctrines atomistes de ses adversaires est, au fond, géométrique. En effet, dès que Bradwardine croit avoir prouvé l'impossibilité de l'indivisibilisme dans la géométrie, il tâche de montrer

---

35. Par exemple, GERARD D'ODON, *Comm. Sent.*, I, dist., 37 (*MSS Valencia, Cated. 139*, f. 125r ; *Napoli, BN B. VII. 25*, f. 243r) : « Si ymaginemur aliquam lineam subiacentem oblique per modum dyametri predictis lineis et ymaginemur eam dividi in tactibus superiacentium linearum, dico tunc quod predicte linee accipient maiores portiones de tali dyametro quam de costa ». Cf. HARCLAY, *Quest. de infinito et continuo* (*MSS Tortosa 88*, f. 90r ; *Firenze, BN II.II. 281*, f. 99r) : « Ad argumentum quod probat quod in dyametro non sunt plura puncta quam in costa, dico quod sic ad probacionem : Protrahantur due linee a duobus punctis immedite se habentibus in costa equedistanter usque ad latus oppositum ; transibunt per dyametrum. Dico breviter quod inter istas lineas immediatas inter quas non cadit vel non intercipitur punctus in costa, potest punctus et puncta intercipi in diametro eodem modo sicut, si modo accipiantur due linee equidistanter, longior linea potest intercipi inter illas tam oblique quam recte ».

36. CHATTON, *Comm. Sent.*, *loc. cit.* (*MSS Paris, BN lat. 15887*, f. 96i ; *Firenze, BN C.5. 357*, 190r) : « Ad argumentum ergo quod costa ducta in se valet quadratum coste et similiter de dyametro. Set dyameter se habet ad costam sicut numerus inpar ad parem, quia scilicet per nullum unum numerum commensurari possunt numerus punctorum dyametri et numerus punctorum coste ».

que celui-ci est également contraire aux propositions admises en arithmétique, en musique, en optique, en astronomie, en physique, en médecine, en métaphysique, en grammaire, en logique, en éthique, et en rhétorique. Mais ce qu'il nous dit ici est conditionné par ce qu'il a déjà établi à l'égard de la géométrie et du continu.

Plus significative et plus précieuse, pourtant, est une autre pensée qui se trouve dans le *Tractatus* de Bradwardine vers la fin des *conclusiones* (il y en a 151). Il se demande là, avec beaucoup de pénétration, si employer la géométrie pour réfuter l'atomisme n'est pas éviter toute la question ; n'est-ce pas que la géométrie même qu'il emploie, présuppose dès le début un démenti de l'atomisme [37] ? Dans sa réplique, il détaille soigneusement quels types d'atomisme les *Éléments* d'Euclide excluent ou peuvent inclure. Ou, pour parler le langage actuel, il démontre quelles hypothèses de continuité sont indépendantes des *Éléments* tels qu'il les connaissait et lesquelles ne le sont pas [38]. Le fait même qu'il pouvait entrevoir la possibilité d'une telle question et qu'il en comprenait l'importance décisive pour l'emploi de la mathématique dans le problème de la composition des continus lui fait, je crois, grand honneur. Il représente, pourrait-on dire, l'apogée de la *ratio mathematica* contre l'atomisme du quatorzième siècle.

Jusqu'ici j'ai traité simplement de la mathématique comme appui pour réfuter l'indivisibilisme et aussi pour lui fournir au

---

37. BRADWARDINE, *Tractatus de continuo* (*MSS Torun R. 4° 2*, p. 188) : « Posset autem circa predicta fieri una falsigraphia : Avroys in commento suo super *Physicorum*, ubi dicit, quod naturalis demonstrat continuum esse divisibile in infinitum et geometer hoc non probat, sed supponit tamquam demonstratum in scientia naturali, potest igitur inpugnare demonstrationes geometricas prius factas dicendo : Geometriam ubique supponere continuum ex indivisibilibus non componi et illud demonstrari non posse ».

38. *Ibid.* : « Sed illud non valet, quia suppositum falsum. Non enim ponitur inter demonstrationes geometricas continuum non componi ex indivisibilibus nec dyalecticer indiget[ur] ubique, quoniam [non] in 5.to *Elementorum Euclidis*. Et similiter, nec geometer in aliqua demonstratione supponit continuum non componi ex infinitis indivisibilibus mediatis, quia, dato eius opposito, quelibet demonstratio non minus procedit, ut patet inductive scienti conclusiones geometricas demonstrate. Verumtamen Euclides in geometria sua supponit, quod continuum ex [in]finitis et inmediatis athomis non componitur, licet hoc inter suas suppositiones expresse non ponat ».

moins une idée-clef. Et pourtant, un autre art libéral produisait un effet notable sur le débat autour de la composition des continus ; cet art était la logique. À vrai dire, c'était une partie de la logique, elle-même une création médiévale, qui était la plus importante. Cette partie était la soi-disant théorie de la supposition. Comme l'ont souvent noté les historiens de la logique, cette doctrine de la supposition fournissait au philosophe médiéval, entre autres choses, ce que *mutatis mutandis* nous nommerions aujourd'hui une théorie de la quantification. Cette théorie lui permettait de manier facilement des propositions quantifiées et même de bien formuler des distinctions sur les propositions de quantification multiple. Donc, dès le règne de Pierre d'Espagne au treizième siècle, nous apprenons que cette proposition : « pour toute paire de contraires il existe une science qui étudie cette paire », est vraie et distincte de cette autre proposition fausse : « Il existe une science qui étudie toute paire de contraires » [39]. La clef de la distinction gît dans le fait que les mots quantitatifs 'toute' et 'une' (ou 'il existe une') sont en ordre inverse dans les deux propositions. Mais comment, peut-on demander, cela s'applique-t-il à l'atomisme médiéval et à l'analyse des grandeurs continues ? C'était exactement une telle distinction entre les éléments quantitatifs qui permettait en peu de mots aux savants médiévaux d'exprimer plus clairement la densité des points-atomes au-dedans d'un continu, et donc de mieux saisir tout ce que comprenait l'idée de ce que nous appelons une limite. Le point de départ est un argument que Henry de Harclay nous assure être un des principaux appuis de son type d'atomisme. Supposez, dit Harclay, que Dieu perçoive tous les points sur une ligne donnée ; donc, ou bien il perçoit qu'il existe un segment de ligne entre le point initial et tous les autres points sur la ligne, ou bien il ne le perçoit pas. S'il le perçoit, alors, puisqu'on peut évidemment mettre des points dans un tel segment, il existe des points sur la ligne qu'il ne percevait pas, ce qui contredit la supposition initiale. S'il ne perçoit pas ce segment, alors il doit y avoir un point contigu au point initial,

---

39. PETRUS HISPANUS, *Summulae logicales,* éd. I.M. BOCHENSKI, Torino, 1947, p. 122-123 : « Omnia contrariorum eadem est disciplina et hæc ponitur esse vera ; sed nulla est disciplina particularis quæ consideret omnia contraria nisi disciplina in communi ; unde hic est fallacia accidentis : 'omnium contrariorum eadem est disciplina ; sed nulla est disciplina nisi hæc vel illa et sic de aliis ; ergo omnium contrariorum eadem est hæc disciplina vel illa' — quod falsum est ».

ce qui prouve qu'au moins un continu se compose de points contigus [40]. La première critique connue contre Harclay, celle du franciscain William de Alnwick, formule contre cet argument une réponse définitive qui devient bientôt traditionnelle, qu'on répète et élabore beaucoup. Nous devons, conseille Alnwick, distinguer entre ces deux propositions différentes : 1) « Entre le point initial d'une ligne et tout autre point connu de Dieu sur la même ligne, il existe une ligne moyenne » ; 2) « Il existe quelque ligne moyenne entre le point initial et tout autre point connu de Dieu sur la même ligne ». Or Alnwick maintient que la première proposition est vraie, la seconde, fausse. La distinction provient, encore une fois, de l'ordre inverse des mots quantitatifs. Mais l'argument de Harclay, continue Alnwick, veut conclure la seconde proposition à partir de la première et donc ne conclut rien du tout [41]. Remarquons que ce qu'ont accompli Alnwick et tous ceux qui formulaient le même argument, est loin d'être néligeable. Ils ont bien précisé la vérité et la fausseté des deux propositions en question et ainsi ils ont éclairci avec soin

---

40. HARCLAY, *Quest. de infinito et continuo* (*MSS Tortosa 88*, f. 88r ; *Firenze, BN II.II.281*, f. 98r) : « Certum est quod Deus modo intuetur omne punctum quod possit signari in continuo. Accipio igitur primum punctum in linea incoativum linee ; Deus videt illum punctum et quodlibet aliud punctum ab isto in hac linea. Usque ad illum punctum inmediaciorem quem Deus videt intercipit alia linea aut non. Si non, Deus videt hunc punctum esse alteri inmediatum. Si sic, igitur cum in linea possint signari puncta, illa puncta media non erant visa a Deo. Probacio huius consequencie : Nam per positum linea cadit inter hunc punctum primum et quodlibet aliud ab hoc puncto quod Deus videt ; et ideo, per se, modo inventum punctum medium Deus non videbat ».

41. ALNWICK, *Determinatio 2* (*MSS Vat. Pal. lat. 1805*, ff. 14r-v) : « Dico autem breviter quod ista est vera ; 'Inter primum punctum linee et omnem alium punctum eiusdem linee cognitum a Deo est linea media.' Quelibet enim singularis est vera, et eius eciam contradictoria est falsa. Et hoc ideo est, quia 'linea media' in predicato sequens mediate signum universalem stat confuse tantum. Hec tamen est falsa : 'Est linea media inter primum punctum et omnem alium punctum eiusdem linee visum a Deo,' quia nulla est linea media inter primum punctum et omnem alium punctum visum a Deo. Non enim contingit dare aliquam talem lineam mediam, sic enim mediaret inter primum punctum et seipsam ; nec illa linea esset visa a Deo. Et ideo cum infertur : 'Si sic, igitur cum in linea possent puncta signari, et cetera,' ibi 'linea' stat particulariter ; et ideo arguitur a superiori ad inferius affirmative et sic fit fallacia consequentis. Similiter arguitur a termino stante confuse tantum ad eundem terminum stantem determinate sive particulariter, et commutatur quale quid in hoc aliquid, et fit fallacia figure diccionis ».

tout ce que comporte la question de la densité des points dans une ligne géométrique. Et ils l'ont accompli par l'application d'un fragment de leur logique au problème qu'ils avaient devant eux.

Bien que je n'aie fait jusqu'ici que résumer quelques-uns des problèmes qui sont au fond du débat sur l'atomisme au quatorzième siècle, j'espère que l'argument que j'ai présenté comme exemple peut donner une idée exacte de la substance de tout le débat. Le trait le plus frappant est le caractère mathématique et surtout géométrique de l'atomisme proposé et aussi bien des critiques contre cet atomisme. Il est évident que ce qui rendait nécessaire cet emploi continuel de la mathématique, provenait de l'idée que l'atome médiéval n'avait pas d'extension. Il ne s'agit jamais, comme chez Démocrite, de ce qu'on pourrait nommer corpuscules, ou de la forme et du poids des atomes. Au contraire, le « monde des points » de l'atomiste médiéval pourrait nous paraître extrêmement étrange à nous qui sommes conditionnés par l'atomisme physique dérivé de la chimie du dix-neuvième siècle. Mais, loin d'être étrange, cette forme de l'atomisme paraissait naturelle aux médiévaux. Car cet atomisme résultait non d'une exploration physique de la nature, mais d'une réaction purement intellectuelle à l'analyse abstraite qu'Aristote avait faite de la continuité des grandeurs. Un tel point de départ rendait mathématique non seulement la nature des atomes médiévaux, mais aussi, comme nous l'avons déjà vu, la relation possible entre atomes. Dans ce contexte, on voit évidemment à quel point les arguments mathématiques contre un tel atomisme étaient *ad hoc* et puissants.

À vrai dire il est impossible de trop mettre l'accent sur le caractère généralement mathématique de toute la question. Même quand on parle d'atomes dans la nature, ce n'est que le langage qui est physique ; la conception reste au fond mathématique. Donc, quand on compare le nombre d'atomes dans le ciel entier et dans un grain de millet, l'analyse et les conceptions sont exactement les mêmes que s'il s'agissait du nombre de points dans deux lignes géométriques inégales. Ou bien, quand Bradwardine donne une preuve satisfaisante — du moins pour lui-même — de l'absurdité de l'atomisme dans toutes les branches du savoir, il ne fait qu'étendre, peut-être trop loin, ce qu'il avait prouvé pour la mathématique. L'atomisme implique donc que « l'harmonie délicieuse de toute musique est condamnée à un silence éternel » [42], car il impliquerait la division d'un ton en deux parties, fait que tout homme médiéval savait impossible par la théorie musicale [43]. Des atomes musicaux entraîneraient ainsi la destruction de toute harmonie. Encore plus fondamentale était la façon par laquelle Bradwardine prouvait que des indivisibles ne pouvaient jamais composer le mouvement. Car réfuter l'atomisme dans ce cas-ci, c'était suggérer son absurdité chaque fois qu'il s'agissait du mouvement dans n'importe quelle science ou discipline, dans le cas par exemple de la transmission de la lumière, dans la giration des corps célestes, dans la guérison par un médecin, ou même dans le mécanisme de la parole. Mais la façon par laquelle Bradwardine prouvait l'inadmissibilité de toute analyse atomiste du mouvement était au fond tout à fait mathématique. À la suite d'Aristote, il parle non de corps physiques mobiles qui traversent une distance physique, mais plutôt du mouvement géométrique de points dans un espace géométrique. Ensuite, il ne fait que rendre ses résultats plus généraux pour les appliquer à tout mouvement, même au mouvement corporel et non-mathématique. Et on peut voir d'autres effets semblables de sa base géométrique dans toutes les propositions que Bradwardine dirigeait contre les thèses atomistes de ses adversaires.

Jusqu'ici, cependant, j'ai négligé deux questions primordiales qu'on doit poser au sujet du courant atomiste au début du quatorzième siècle. Ce sont des questions importantes, mais auxquelles malheureusement, il est assez difficile de répondre avec une certitude bien assurée. Ces questions traitent des mobiles de cet atomisme et de l'emploi qu'on en faisait, ou du moins auquel il était destiné.

D'abord, il n'y a pas de réponse unique à la question de savoir pourquoi les scolastiques tels Harclay, Chatton, Gérard d'Odon, Nicolas Bonettus et d'autres jugeaient convenable de s'opposer à Aristote et d'épouser l'atomisme. On obtient les renseignements les

---

42. BRADWARDINE, *Tractatus de continuo* (*MSS Torun R. 4° 2*, p. 174 ; *Erfurt, Amplon. Q° 385*, 34r) : "Totius musice sonoritatem iocundam, non sine sonorum suorum desolatione inimica, perpetuo silentio condempnari ».

43. BOETHIUS, *De institutione musica,* éd. G. FRIEDLEIN, Leipzig, 1867, I, 16-17 ; III, 1.

plus précieux quand on considère le traitement donné au problème du continu dans les *Commentaires sur les Sentences* de Pierre Lombard ; car ici le contexte (et Jean Duns Scot en est le cas le plus notable) est souvent celui du mouvement local possible aux anges [44]. Bien que Scot ne crût pas les considérations atomistes nécessaires pour rendre compte du mouvement angélique, d'autres — je pense aussi bien à Walter Chatton qu'à Gérard d'Odon — les croyaient apparemment nécessaires [45]. Je dis « apparemment » parce que, bien que l'on introduisît, par le problème du mouvement angélique, la question de la composition possible d'un continu par des atomes, l'on n'exprimait de l'intérêt ou de l'enthousiasme que pour le problème de l'atomisme lui-même et non pour son rapport à la partie particulière de l'angélologie qu'on traitait. De plus, quant au nombre des arguments, il y en a plus qui traitent de la question théologique des anges. Chatton, par exemple, épuise toute cette question-ci en treize mots tandis qu'il en emploie à peu près quatre mille à traiter celle-là [46]. On sent que la question du mouvement angélique était peut-être plus un prétexte pour discuter et exposer l'atomisme qu'un objet véritable de discussions et d'explications. Néanmoins, on pouvait établir, et en fait on établissait, un rapport logique convenable entre les deux questions. Car les anges sont indivisibles, des atomes sans extension pour ainsi dire, et nous savons qu'ils font preuve d'un mouvement local. Cependant dans le sixième livre de la *Physique,* Aristote avait établi, pour prouver l'impossibilité du mouvement d'un indivisible, la conséquence que, *si* un indivisible pouvait se déplacer, alors des grandeurs continues

44. *Vide supra,* note 25.

45. La question de CHATTON commence par (*op. cit.; MSS Paris, BN lat. 15887,* f. 93r ; *Firenze, BN C. 5.357,* 187r) : « Et quia non potest sciri de motu angeli utrum sit continuus vel discretus nisi sciatur utrum motus et alia continua componantur ex indivisibilibus, ideo quero propter motum angeli : Utrum quantum componatur ex indivisibilibus, sive permanens sive successivum ». Pour GERARD D'ODON, quatre questions sont pertinentes à la distinction 37 du Livre I de son *Commentaire sur les Sentences.* Il croit que : *pro solutione istarum questionum primo discutienda est una difficultas ... Utrum continuum componatur ex indivisibilibus ...* Cependant, une de ces quatre questions est : *Utrum motus angeli habeat partem aliquam simpliciter primam,* et à la fin de sa longue discussion du problème du continu il conclut qu'il existe une *pars simpliciter prima et indivisibilis motus angeli.*

46. Après les mots d'introduction cités dans la note précédente, Chatton ne dit rien à propos du problème du mouvement des anges.

seraient en effet composées par des indivisibles [47]. Or les anges, bien qu'indivisibles, changent de place ; donc, etc.

Une deuxième raison probable pour laquelle on affirmait l'atomisme, est celle donnée par Henry de Harclay. Il déclare tout simplement que tout homme qui croit, comme lui-même, qu'il y a des infinis plus grands ou plus petits que d'autres doit également admettre que les continus se composent d'un nombre indéfini d'atomes [48]. Malheureusement, la déduction, telle qu'il la développe, ne prouve rien du tout. Pourtant cela indique que selon lui, il était nécessaire d'aller d'une position non-aristotélicienne à une autre : de la croyance en l'infinité réelle à celle en l'atomisme mathématique.

Enfin, on devrait sérieusement admettre la possibilité que quelques scolastiques aient été attirés par l'atomisme simplement parce que leur analyse fouillée des arguments aristotéliciens contre l'atomisme leur avait révélé l'insuffisance de ces arguments. Une telle explication philosophique du pourquoi de leurs conclusions est bien raisonnable. Car, même de nos jours, on trouve souvent que le philosophe adopte une certaine position non pas pour y donner suite, mais simplement parce qu'il voit la fausseté évidente de la position contraire.

À vrai dire, cela nous mène à la deuxième question sur ce que les atomistes médiévaux espéraient accomplir par leur théorie. Servait-elle, peut-on demander, à expliquer la nature ? Si on met de côté son utilité possible dans l'explication du mouvement angélique, la réponse est, en grande partie, négative. On ne trouve nulle tentative pour baser sur les atomes ce qu'on pourrait nommer une « mécanique » ou une « chimie » des processus naturels, ni aucune tentative pour développer, comme l'avait fait Démocrite [49], une physiologie de la perception dans des termes indivisiblistes. Tout au contraire. Quand on discute le rapport entre les atomes et des

---

47. *Physique,* VI, 10, 240b8-241a14.

48. HARCLAY, *Quest. de infinito et continuo* (*MSS Tortosa 88,* ff. 86v-87r ; *Firenze, BN II.II, 281,* f. 97r) : « Quod plura sunt puncta in uno magno continuo quam in uno parvo. Contra hoc sunt omnia argumenta que probant continuum non posse // componi ex indivisibilibus ; probant enim eciam quod in uno continuo non sint plura puncta quam in alio ». Notez bien que Harclay tient que le nombre des points *in uno magno continuo* est infini mais plus grand que le nombre infini *in uno parvo continuo.*

49. THEOPHRASTUS, *De sensibus,* 49-83.

phénomènes tels le mouvement local, le changement qualitatif, la propagation de la lumière, et ainsi de suite, ce n'est pas parce que l'atomiste médiéval est déterminé à expliquer ces phénomènes comme tels, mais plutôt parce qu'il lui est nécessaire de répondre aux arguments contre l'atomisme, c'est-à-dire à des arguments qui, bien que presque toujours mathématiques au fond, traitaient comme des variables le mouvement, la lumière ou quelqu'autre élément naturel.

* * *

Pour conclure, on peut dire que l'atomisme grec créait un système destiné à expliquer le monde physique mais incapable de le faire. L'atomisme des mutazilites islamiques constituait un système destiné, tout au contraire, à miner toute explication adéquate des événements naturels dans la mesure où son but premier était de faire disparaître les rapports de causalité du monde physique et de les attribuer tous à Dieu. L'atomisme latin du quatorzième siècle présente la possibilité d'un troisième but. Il n'était pas destiné, peut-on soutenir, à être un système général pour comprendre ou expliquer le monde naturel ; il était plutôt un aspect de la philosophie naturelle capable simplement d'expliquer la structure des grandeurs et surtout de l'espace, du temps, et du mouvement en tant que grandeurs. De plus, bien qu'il soit vrai que cet atomisme s'appliquait parfois à la matière, il s'y appliquait non pas parce qu'on apercevait sa fonction dans la nature et dans le processus des changements naturels, mais simplement parce que toute matière comprenait ces abstractions — l'extension, la quantité, et la grandeur. Et cela encore ne fait que souligner l'importance particulière de la mathématique pour ce que faisaient les atomistes médiévaux. Ils n'employaient jamais leur atomisme de manière à faire ressortir l'insuffisance ni l'incommodité de son caractère mathématique ; autrement dit, ils ne l'employaient jamais dans la physique. De même, ces atomistes, étant de si pauvres mathématiciens, ne tâchaient jamais de construire, à partir de leurs précieux indivisibles, rien qui approchât même d'un système d'analyse mathématique, ni non plus de prouver par l'emploi des indivisibles des théorèmes mathématiques, soit anciens, soit nouveaux.

Pour de tels développements, il faut attendre les œuvres de Kepler, de Cavalieri, de Roberval et d'autres encore durant la Renaissance et au dix-septième siècle. Mais à cette époque-là, comme

Gassendi l'a bien remarqué, les arguments médiévaux contre l'atomisme n'ont plus de pertinence, car la théorie atomiste du dix-septième siècle traitait seulement des corps physiques et n'avait rien à voir avec la mathématique [50]. En effet, si Gassendi avait connu les traités atomistes médiévaux aussi bien que la littérature scolastique encore plus abondante dirigée contre ces traités, il aurait sans doute trouvé que cet atomisme médiéval, tellement mathématique, avait aussi peu de rapport avec son but que les arguments de ses critiques médiévaux.

D'un autre côté, lorsque, au dix-huitième siècle, John Kiell et d'autres qui traitaient de la nouvelle philosophie naturelle de Newton, entamèrent une discussion de l'extension qu'ils considéraient comme un attribut universel de l'espace et du corps, la divisibilité ou la continuité de la grandeur allaient encore une fois acquérir de l'importance. Les arguments prennent un ton médiéval [51] : ceux employés par Kiell pour assurer la divisibilité infinie qu'il veut établir, sont des arguments tout à fait mathématiques et on peut même trouver parmi eux quelques reproductions des arguments en faveur au quatorzième siècle. Car Kiell et ses prédécesseurs médiévaux étaient vraiment, selon les mots de Kiell lui-même, des *geometretoi Philosophi* [52].

---

50. PETRUS GASSENDUS, *Opera omnia,* Florence, 1727, vol. 1, p. 231-232.

51. John KEIL, *Introductio ad veram physicam,* ed. 4a, London, 1819, *lectiones III-IV*, p. 17-39.

52. Plus exactement, KEILL fait allusion à ses adversaires comme *nostri* αχεωμετρητοι *Philosophi, op. cit.*, p. 20.

LE STATUT ÉPISTÉMOLOGIQUE DES 'SCIENCES INTERMÉDIAIRES' SELON S. THOMAS D'AQUIN *

Carlos A. Ribeiro do Nascimento

La présence d'un certain nombre de sciences dites 'intermédiaires' entre la physique et la mathématique (*scientiæ mediæ*) dans la classification du savoir humain selon saint Thomas d'Aquin est un fait qui a toujours été remarqué. Pour s'en rendre compte, il suffit de consulter l'un ou l'autre des cours de logique *ad mentem sancti Thomæ* [1]. Toutefois, l'attention dans ces manuels ne porte pas tant sur les 'sciences intermédiaires' que sur la théorie de la subalternation des sciences en général. On pourrait en dire autant

* Nous utilisons les abréviations et sigles suivants : *AP* : *Archives de philosophie,* Paris, 1923 . . . ; *BT* : *Bulletin thomiste,* Le Saulchoir, 1924 . . . ; *CM* : *Classica et mediaevalia. Revue danoise de philologie et d'histoire,* Copenhague, 1938 . . . ; *DTP* : *Divus Thomas,* Piacenza, 1880 . . . ; *ER* : *Études et recherches,* Cahiers publiés par le Collège dominicain, Ottawa, 1936 . . . ; *JHI* : *Journal of the History of Ideas,* College of the City University of New York, 1940 . . . ; *MS* : *Mediaeval Studies,* Toronto, 1939 . . . ; *RNSP* : *Revue néoscolastique de philosophie,* Louvain, 1894-1945, continuée depuis sous le titre : *Revue philosophique de Louvain ; RPL* : *Revue philosophique de Louvain,* Louvain, 1946 . . . ; *RSPT* : *Revue des sciences philosophiques et théologiques,* Paris, 1907 . . . ; *RT* : *Revue thomiste,* Paris, 1893 . . . ; *RTAM* : *Recherches de théologie ancienne et médiévale,* Louvain, 1929.

1. Voir, par exemple, JOANNES A SANCTO THOMA, *Cursus philosophicus thomisticus secundum exactam, veram, genuinam Aristotelis et Doctoris angelici mentem, Ars logica seu de forma et materia ratiocinandi,* nova ed. a B. REISER, Taurini, Marietti, 1930, II P., q. 26, a. 2 et 3, p. 795-803 ; J. GREDT, *Elementa philosophiae aristotelico-thomisticae,* vol. I : *Logica ; Philosophia naturalis,* Barcelona, Herder, 1946, ed. octava recognita, nos 228-229, p. 184-186 ; H.-D. GARDEIL, *Initiation à la philosophie de saint Thomas d'Aquin,* vol. I, *Introduction et logique,* Paris, Cerf, 1952, p. 159-161.

des discussions concernant la nature de la théologie autour des années 1930-1940 [2]. Dans ces discussions, en effet, ce qui a retenu le plus l'attention des parties en cause fut la subalternation des sciences, dans son application à la théologie.

Parmi les commentateurs plus rapprochés de nous, l'un des plus soucieux d'accorder une attention spéciale aux sciences intermédiaires comme telles nous semble avoir été J. Maritain. Il le fit notamment dans ses *Réflexions sur l'intelligence* [3] et dans les *Degrés du savoir* [4]. Maritain cite bon nombre des principaux textes de saint Thomas sur les sciences intermédiaires, mais son intention n'a pas été de faire une étude historique à leur sujet ; il entendait plutôt montrer la fécondité de la conception thomiste des sciences intermédiaires pour comprendre la physique mathématique moderne. Cette intention du philosophe néo-thomiste fut sans doute la source de certaines réactions qui rappelèrent non seulement le caractère modeste de la place accordée aux sciences intermédiaires dans les classifications médiévales du savoir, mais aussi son inutilité pour une épistémologie soucieuse de tenir compte de l'évolution ultérieure de la science [5]. Pourtant, les historiens de la science et de l'épistémologie n'ont pas manqué l'occasion de réserver une place aux sciences intermédiaires dans leurs exposés sur la science et l'épistémologie médiévales en général, ou sur celles de saint Thomas en particulier. Un des derniers à le faire a été J. A. Weisheipl, dans un article, encore assez récent, sur la classification

---

2. Voir indications bibliographiques dans M.-D. CHENU, *La théologie comme science au XIIIe siècle* (Bibliothèque thomiste, 33), Paris, Vrin, 1957, 3e éd. rev. et aug., p. 9-14.

3. J. MARITAIN, *Réflexions sur l'intelligence et sur sa vie propre* (Bibliothèque française de philosophie), Paris, Nouvelle librairie nationale, 1924, p. 174-201.

4. IDEM, *Distinguer pour unir ou Les degrés du savoir* (Bibliothèque française de philosophie), Paris, Desclée de Brouwer et Cie 1946, 4e éd. rev. et aug., p. 78-93, 120-128.

5. Voir spécialement D.H. SALMAN, *La conception scolastique de la physique,* dans *Philosophie et sciences* (*Journées d'études de la Société thomiste,* III, Louvain, 24 et 25 septembre 1935), Juvisy, Cerf, 1935, p. 37-60 ; publié aussi dans *RNSP,* 39 (1936), p. 27-50. Le P. Salman a repris ses idées dans deux articles postérieurs : *De la méthode en philosophie naturelle,* dans *RPL,* 50 (1952), p. 205-229 ; *Science et philosophie naturelle,* dans *RSPT,* 37 (1953), p. 609-643.

des sciences dans la pensée médiévale [6]. Mais, ces travaux, généralement assez longs, n'accordent aux sciences intermédiaires que quelques pages, même s'ils parlent de ces dernières en termes qui témoignent d'un grand intérêt. Nous ne connaissons qu'un seul article d'histoire consacré en entier à l'étude des sciences intermédiaires [7].

---

6. J. A. WEISHEIPL, *Classification of the Sciences in Medieval Though,* dans *MS,* 27 (1965), p. 88-89 ; cf. du même auteur, *The Development of Physical Theory in the Middle Ages* (Newman History and Philosophy of Science Series, 4), London and New York, 1959, p. 58-62. Voir aussi, entre autres : J. MARIETAN, *Problème de la classification des sciences d'Aristote à Saint Thomas,* thèse présentée à la faculté des lettres de l'Université de Fribourg (Suisse) pour l'obtention du grade de docteur, Paris, Alcan, 1901, p. 186-187 ; E. BODEWIG, *Die Stellung des hl. Thomas von Aquino zur Mathematik,* dans *Archiv für Geschichte der Philosophie,* XLI, 3 (1932), p. 414-416 ; O. PEDERSEN, *The Development of Natural Philosophy 1250-1350,* dans *CM,* 14 (1953), p. 91-93 ; IDEM, *Du quadrivium à la physique,* dans *Artes liberales von der antiken Bildung zur Wissenschaft des Mittelalters,* rerausgegeben von J. KOCH (Studien und Texte zur Geistesgeschichte des Mittelalters, 5), Leiden-Köln, E. J. Brill, 1959, p. 120-121 ; A. MAURER, *St. Thomas Aquinas, The Division and Methods of the Sciences, Questions V and VI of his Commentary on the De trinitate of Boethius,* Translated with Introduction and Notes, Toronto, The Pontifical Institute of Mediaeval Studies, 1963, 3rd revised edition, p. XI, XIV, XXXI, 36-38 ; S. NEUMANN, *Gegenstand und Methode der theoretischen Wissenschaften nach Thomas von Aquin, aufgrund der Expositio super Librum Boethii De trinitate,* dans *Beiträge zur Geschichte der Philosophie und Theologie des Mittelalters, Texte und Untersuchungen,* Band 41, Heft 2, Münster (Westfalen), Aschendorffsche Verlagsbuchhandlung, 1965, p. 106-109. Le livre de T. LITT, *Les corps célestes dans l'univers de saint Thomas d'Aquin* (Philosophes médiévaux, 7), Louvain, Publications universitaires—Paris, Béatrice Nauwelaerts, 1963, présente, notamment dans sa deuxième partie (*Les corps célestes, théorie astronomique,* p. 295-365), des données très intéressantes et utiles sur l'*astrologia,* l'une des sciences intermédiaires, mais l'épistémologie de ces sciences n'y est pas abordée *ex professo.* Nous avons pris connaissance de la thèse de J. ALVAREZ LASO, *La filosofia de las matematicas en Santo Tomas,* Dissertatio ad lauream in Facultate philosophica Pontificiae Universitatis gregorianae, México, Jus, 1952. L'auteur présente un bon relevé des points touchant la philosophie des mathématiques chez saint Thomas. Toutefois, son chapitre X (p. 113-117) consacré aux sciences intermédiaires (*Las matematicas aplicadas, Las ciencias medias)* nous semble un peu faible. D'ailleurs, l'auteur lui-même reconnaît, dans le prologue de sa thèse, qu'il a moins travaillé les derniers chapitres de son exposé (voir p. IX). Mais l'ensemble du livre demeure une œuvre de grande utilité, surtout si nous tenons compte de l'appendice, qui donne la liste des textes où saint Thomas traite des mathématiques (voir p. 131-176).

7. Cf. J. GAGNÉ, *Du* Quadrivium *aux* scientiæ mediæ, dans *Arts libéraux et philosophie au moyen âge* (*Actes du IVe Congrès international de philosophie médiévale*), Montréal-Paris, 1969, p. 975-986.

Quant à saint Thomas, aucune monographie historique, à notre connaissance, n'a été consacrée à l'étude de sa conception des sciences intermédiaires. Il n'est donc pas hors de propos d'examiner de plus près ce point de l'épistémologie thomiste, déjà beaucoup étudiée sous d'autres aspects. Nous nous proposons donc de montrer quelle conception saint Thomas se faisait des sciences intermédiaires. Nous espérons, du moins, mettre en lumière quelques traits essentiels de ces sciences et le lien logique qui existe entre eux. Notre relevé des textes de saint Thomas n'a aucunement la prétention d'être exhaustif ; nous croyons toutefois qu'il fournit une base suffisante pour l'étude de la question. En outre, nous écarterons délibérément du champ de notre travail le problème des origines historiques, proches ou lointaines, de la doctrine thomiste des sciences intermédiaires. Aborder ce problème serait élargir notre travail hors mesure.

La caractéristique principale des 'sciences intermédiaires'

Les textes où saint Thomas parle explicitement de 'science intermédiaire' — *scientia media* — ne sont pas très nombreux. Nous avons relevé dans son œuvre une demi-douzaine de passages qui en traitent *ex professo* [8]. Cependant, la liste peut en être facilement élargie, et doit sans doute l'être, par l'addition des textes où est exposée la théorie générale de la 'subalternation des sciences', dont le cas le plus typique est précisément celui des sciences intermédiaires [9]. À ces derniers, on peut encore joindre les passages où la théorie générale de la subalternation ou un cas particulier de celle-ci, parfois les deux, sont utilisés pour la solution d'un autre problème.

8. *In Boethii De trinitate*, q. 5, a. 3, ad 5m ; ad 6m ; ad 7m ; *In II Physicorum*, lect. 3, no 8 ; *In I Post. anal.*, lect. 41, no 3 ; *In I Metaphysicorum*, lect. 13, no 202. Pour la chronologie des œuvres de Thomas d'Aquin, voir I.T. ESCHMANN, *A Catalogue of St. Thomas's Works, Bibliographical Notes*, Appendix to E. GILSON, *The Christian Philosophy of St. Thomas Aquinas*, translated by L.K. SHOOK, New York, Random House, 1952, p. 379-437.

9. *In Boethii De trinitate*, q. 5, a. 1, ad 5m (cf. arg. 3, 4 et 5) ; *In I Post. anal.*, lect. 15, nos 4-7 ; lect. 17, nos 3-6 ; lect. 21, nos 4-5 ; lect. 25, nos 1-6 ; lect. 34, no 11.

Ces problèmes sont : a) les relations de la foi et de la raison [10] ; b) le statut scientifique de la théologie [11] ; c) la distinction de la théologie et de la philosophie [12] ; d) la distinction des habitus [13] ; e) la distinction de la raison supérieure et inférieure [14] ; f) les rapports hiérarchiques des substances spirituelles [15] ; g) la théorie du genre et de l'espèce [16]. Finalement, on trouve des données complémentaires dans une série de textes qui ont trait aux relations

10. *In III Sententiarum,* dist. 24, a. 2, sol. 2, ad 3m ; *De veritate,* q. 14, a. 9, obj. 3 et ad 3m ; *Summa theologiae,* Ia, q. 32, a. 1, ad 2m (cf. IIa-IIae, q. 1, a. 5, ad 2m). — En ce qui concerne le premier texte, A. HAYEN ne signale aucune divergence entre la première et la deuxième rédaction. Cf. *Saint Thomas a-t-il édité deux fois son Commentaire sur le livre des Sentences ?* dans *RTAM,* 9 (1937), p. 219-236 ; particulièrement la table de concordance à la p. 224. Voir aussi A. DONDAINE, dans *BT,* 6 (1940-42), p. 100-108. À propos des deux premiers textes, il est intéressant de noter que pour répondre à la question *Utrum ea quae sunt fidei possint esse scita,* saint Thomas recourt dans la *Somme de théologie* (Ia-IIae, q. 67, a. 3 ; IIa-IIae, q. 1, a. 5, ad 4m), non plus à la comparaison avec le cas des sciences subalternante et subalternée, mais à la comparaison avec le cas de la science et de l'opinion.

11. *In I Sententiarum,* prol., q. 1, a. 3, qla. 2, sol. 2 ; *In Boethii De trinitate,* q. 2, a. 2, ad 5m ; *Summa theologiae,* Ia, q. 1, a. 2 et ad 1m (cf. Ia, q. 1, a. 6, ad 2m). — I.T. ESCHMANN signale que le premier passage pourrait être une interpolation : « I *Sent.,* prol. 3, 2 (*Vel dicendum* ...) also seems a later though authentic interpolation ». Cf. *A Catalogue of St. Thomas's Works,* p. 385. Il renvoie à une recension du P. CHENU dans le *BT,* 5 (1937-39), p. 153. Voici son argumentation : « Dans les *Sent.,* ... la *subalternation* ne paraît pas en son lieu (art. 3, sol. 2, ad 2), mais figure dans un texte qui ... ne serait qu'une pièce rapportée (*loc. cit.,* ad 1, à partir de : *Vel dicendum quod in scientia* ...). Il est de fait absent dans certains manuscrits (par ex., *Paris, Nat. lat. 15762*). On sait par ailleurs que quelques problèmes de composition se posent précisément pour les premières questions de I Sent. (Cf. A. DONDAINE, *À propos de I Sent., dist. 2, q. 1, a. 3,* dans *BT, Notes et communications,* 1933, p. 171*-182*) ». Voir aussi M.-D. CHENU, *La théologie comme science au XIIIe siècle,* p. 76, n. 1.

12. *Summa theologiae,* Ia, q. 1, a. 1, ad 2m.

13. *In II Sententiarum,* dist. 24, q. 2, a. 2, ad 5m ; *Summa theologiae,* Ia-IIae, q. 54, a. 2, arg. 2 et ad 2m ; IIa-IIae, q. 9, a. 2, ad 3m ; IIa-IIae, q. 174, a. 3, s. c.

14. Cf. *In II Sententiarum,* dist. 24, q. 2, a. 2, ad 5m ; *De veritate,* q. 15, a. 2, ad 14m, ad 15m ; *Summa theologiae,* Ia, q. 79, a. 9.

15. *De veritate,* q. 9, a. 1, ad 3m ; *Summa contra Gentiles,* III, c. 79, premier *Item.*

16. *Summa theologiae,* Ia-IIae, q. 35, a. 8.

générales entre la physique et la mathématique [17], aux théories astronomiques [18], à la théorie de la mesure [19], aux théories pythagoriciennes [20] et aux relations de la métaphysique avec les autres domaines du savoir humain [21].

Dans ce relevé, les passages les plus importants sont ceux de l'*Expositio* sur le *De trinitate* de Boèce (q. 5, a. 3, ad 6m) et de l'*Expositio* sur les *Seconds analytiques* (I, lect. 25, nos 1-6), auxquels on peut ajouter l'*Expositio* sur la *Physique* (II, lect. 3, nos 8-9). Il serait à la rigueur possible de reconstruire la doctrine thomiste sur les sciences intermédiaires à l'aide de ces deux ou trois textes.

Caractéristique principale

Les trois textes cités à la fin du paragraphe précédent nous donnent la caractéristique principale des sciences intermédiaires. Cette caractéristique principale, qui nous servira de point de départ et de guide dans notre recherche et qu'on pourrait considérer com-

---

17. *In Boethii De trinitate,* q. 4, a. 3 (éd. DECKER, p. 150, lin. 3) ; q. 5, a. 3 (éd. DECKER, p. 181, lin. 14) ; q. 5, a. 3, ad 8m ; q. 5, a. 4, ad 1m ; q. 6, a. 1, ad 2am quaest. (cf. *In I Post. anal.,* lect. 1, no 10) ; *In I De caelo et mundo,* lect. 2, no 7 ; lect. 3, no 7 ; III, lect. 3, nos 4-5.

18. Cf. *Summa theologiae,* Ia, q. 32, a. 1, ad 2m ; *In XII Metaphysicorum,* lect. 9, nos 2563-2566 ; *In I De caelo et mundo,* lect. 3, no 7 ; II, lect. 17, no 2.

19. *In X Metaphysicorum,* lect. 2, nos 1947-1948 ; *In II De caelo et mundo,* lect. 14, no 3. — Sur la théorie de la mesure chez saint Thomas on peut consulter, entre autres, G. ISAYE, *La théorie de la mesure et l'existence d'un maximum selon saint Thomas,* dans *AP,* 16 (1940), p. 1-136 ; J. de TONQUEDEC, *La théorie de la mesure,* dans *Questions de cosmologie et de physique chez Aristote et saint Thomas,* Paris, Vrin, 1950, p. 110-115 ; V. DE COUESNONGLE, *Mesure et causalité dans la 'quarta via',* dans *RT,* 58 (1958), p. 55-75 ; 244-284.

20. *In I Metaphysicorum,* lect. 7, nos 119-123 ; lect. 8, nos 124-133 ; lect. 9, nos 147-149 ; III, lect. 7, nos 403-422 ; *In II De caelo et mundo,* lect. 14, nos 3 et 8.

21. *In Boethii De trinitate,* q. 2, a. 3, obj. 7 et ad 7m ; q. 5, a. 1, ad 6m, ad 7m, ad 9m (cf. arg. 6, 7 et 9) ; q. 5, a. 4, ad 8m ; *In I Metaphysicorum,* lect. 1, nos 24-25 ; lect. 2, no 47 ; II, lect. 2, no 291 ; III, lect. 5, nos 387-391 ; IV, lect. 1, no 531 ; IV, lect. 2, no 563 ; IV, lect. 4, nos 571 et 581 ; VI, lect. 1, no 1163 (cf. no 1169) ; XI, lect. 4, nos 2206-2210 ; XI, lect. 7, no 2247-2267.

me une quasi-définition des sciences intermédiaires, est exprimée, à peu de mots près, dans les trois textes mentionnés. La voici dans sa triple formulation :

> Quædam vero sunt mediæ, quæ principia mathematica ad res naturales applicant [22].
> Dicuntur autem scientiæ mediæ, quæ accipiunt principia abstracta a scientiis pure mathematicis, et applicant ad materiam sensibilem [23].
> Quædam autem per applicationem principiorum mathematicorum ad res naturales [24].

Le tableau suivant fera ressortir encore mieux la ressemblance de ces trois textes :

In De trin.	*In II Phys.*	*In I Post. anal.* [25]
[Sunt] quædam vero	Dicuntur autem	quædam autem
mediæ	scientiæ mediæ,	
quæ	quæ accipiunt	per
principia	principia abstracta	[principiorum
	a scientiis pure	
mathematica	mathematicis,	mathematicorum]
applicant ad	et applicant ad	applicationem ad
[res naturales]	materiam sensibilem	res materiales

Tenant compte d'autres formules semblables, soit à propos des sciences intermédiaires en général, soit à propos de l'une d'entre elles [26], on peut dire que cette manière de présenter les sciences

---

22. *In Boethii De trinitate,* q. 5, a. 3, ad 6m.
23. *In II Physicorum,* lect. 3, no 8.
24. *In I Post. anal.,* lect. 25, no 3.
25. Les mots entre crochets ont été déplacés pour les besoins du parallélisme.
26. Voici quelques-unes de ces formules : « Ea, quae sunt lineae simpliciter, *applicantur ad* lineam visualem ». *In I Post. anal.,* lect. 15, no 5. — « Demonstratio geometriae *procedit ad* scientias inferiores ; sicut sunt artes mechanicae, quae utuntur mensuris ; aut speculativae, sicut scientiae quae sunt de visu, ut perspectivae, quae sunt de visuali ; et similiter est de arithmetica in comparatione ad harmonicam, idest musica ». *In I Post. anal.,* lect. 17, no 6. — « Perspectiva, quae *procedit ex* principiis geometriae ». *In I Post. anal.,* lect. 21, no 4. — « Quaedam autem scientiae sunt mediae, quae scilicet principia mathematica *applicant ad* materiam sensibilem ». *In I Post. anal.,* lect. 41, no 3. — « Et simili modo loquendi dicuntur astrologia et perspectiva species mathematicae, inquantum principia mathematica *appli-*

intermédiaires est restée pratiquement inchangée pendant toute la carrière de saint Thomas.

Pour situer ces sciences, qui ne sont ni purement mathématiques ni purement physiques, saint Thomas part toujours des mathématiques pures, et dit que par opposition à celles-ci qui font abstraction de la matière sensible [27], les sciences intermédiaires appliquent à cette matière les principes abstraits des premières. Les deux groupes de sciences suivent donc des mouvements contraires : tandis que les mathématiques pures se dégagent de la matière sensible (abstraction), les sciences intermédiaires se rapprochent de celle-ci (application). Le passage déjà cité de l'*Expositio* sur la *Physique* le note assez clairement : *Nam si hujusmodi scientiæ mediæ abstracta applicant ad materiam sensibilem, manifestum est quod mathematicæ e converso ea quæ sunt in materia sensibili abstrahunt* [28].

Quelques exemples éclaireront le propos, exemples, d'ailleurs, qui reviennent très souvent dans les textes. Il s'agit premièrement de la géométrie et de la perspective. La première, est-il dit, traite

---

cantur ad materiam naturalem ». *Summa theologiae,* Ia-IIae, q. 35, a. 8. — « Astrologia enim considerat motum, quia astrologia est media scientia inter mathematicam et naturalem. Principia enim sua astrologia et aliae mediae *applicant ad* res naturales ». *In I Metaphysicorum,* lect. 13, no 202. — « Quaedam scientiae mathematicae *applicantur ad* motum sicut astrologia ». *In VI Metaphysicorum,* lect. 1, no 1163. Nous avons souligné les expressions concernant l'application des principes mathématiques à la réalité physique.

27. Nous aurons l'occasion de revenir sur ce point, qui, à lui seul, demande beaucoup d'éclaircissements.

28. *In II Physicorum,* lect. 3, no 8, *in fine* ; cf. *In I Post. anal.,* lect. 25, no 4, *in fine :* « Nam geometria ea, quae sunt in materia secundum esse, abstrahit a materia secundum considerationem. Scientiae autem ei subalternatae e converso accipiunt ea, quae sunt considerata in abstractione a geometra, et applicant ad materiam ». Aristote disait déjà que le rapport de ces sciences à la physique est contraire à celui de la géométrie. Cf. *Phys.,* II, 2, 194a7-11, à propos de la distinction entre la mathématique et la physique : « On verra encore cette différence à propos des parties les plus physiques des mathématiques, comme optique, harmonique, astronomie, car leur rapport à la physique est inverse de celui de la géométrie étudie la ligne physique en tant qu'elle n'est pas physique ; au contraire, l'optique étudie a ligne mathématique, non en tant que mathématique mais en tant que physique ». ARISTOTE, *Physique I-IV,* trad. H. Carteron, tome premier (Collection des univ. de France publiée sous le patronage de l'Association G. Budé), Paris, Les Belles Lettres, 1926, p. 63.

de la ligne en tant que quantité continue, tandis que la deuxième, dite science intermédiaire, s'occupe de la ligne visible (le rayon lumineux), qui consiste en une ligne appliquée à une matière déterminée. Les mêmes relations existent entre l'arithmétique et la musique (acoustique). Les proportions numériques, en effet, qui sont étudiées en tant que telles par la première, sont appliquées par la seconde aux sons.

Justification de la situation des sciences intermédiaires

L'*Expositio* sur le *De trinitate* (toujours à la q. 5, a. 3, ad 6m) fournit une bonne justification de cette manière de situer et de caractériser les sciences intermédiaires.

Le texte débute par l'énoncé d'un principe tout à fait général : *In compositis simplicia salvantur et proprietates eorum, licet per alium modum . . . ; quod autem est compositorum proprium, non invenitur in simplicibus.* Ce principe n'est pas prouvé, mais seulement illustré à l'aide d'un exemple à peine développé : le fait que les propriétés des éléments sont rencontrées d'une certaine façon dans les corps composés (mixtes). Vient ensuite l'application du principe général au domaine de l'épistémologie : *Quanto aliqua scientia est abstractior et simpliciora considerans, tanto ejus principia sunt magis applicabilia aliis scientiis* [29]. Aucune explication de ce principe n'est donnée et l'application au cas de la mathématique suit immédiatement : *Unde principia mathematicæ sunt applicabilia naturalibus rebus, non autem e converso, propter quod physica est ex suppositione mathematicæ, sed non e converso, ut patet in III Cæli et mundi* [30].

---

29. Nous trouvons un principe semblable dans *In II Phys.*, lect. 3, no 5 : « Manifestum est autem quod posteriora non sunt de intellectu priorum sed a converso ». Mais le texte veut plutôt justifier l'existence de la mathématique comme science abstraite que la possibilité de l'appliquer dans une autre science.

30. Il s'agit de *De caelo et mundo,* III, I, 299a13-17. Voici le commentaire de saint Thomas : « Quaecumque impossibilia accidunt circa mathematica corpora, necesse est quod consequantur ad corpora naturalia. Et hoc ideo, quia mathematica dicuntur per abstractionem a naturalibus ; naturalia autem se habent per appositionem ad mathematica (superaddunt enim mathematicis naturam sensibilem et motum, a quibus mathematicis abstrahunt) ; et sic patet quod ea quae sunt de ratione mathematicorum salvantur in naturalibus, et non e converso. Et ideo quaecumque inconvenientia sunt contra mathematica sunt etiam contra naturalia : sed

Ces trois principes hiérarchisés ou plutôt cette formulation de plus en plus restreinte du même principe général permet d'introduire les trois ordres de sciences qui traitent des réalités naturelles et mathématiques. La place exacte des sciences intermédiaires s'en trouve ainsi précisée :

> Et inde est quod de rebus naturalibus et mathematicis *tres ordines scientiarum* inveniuntur. *Quædam* enim sunt pure naturales, quæ considerant proprietates rerum naturalium, in quantum hujusmodi, sicut physica et agricultura et hujusmodi. *Quædam* vero sunt pure mathematicæ, quæ determinant de quantitatibus absolute, sicut geometria de magnitudine et arithmetica de numero. *Quædam* vero sunt mediæ, quæ principia mathematica ad res naturales applicant, ut musica, astrologia et hujusmodi [31].

Mais, c'est précisément cette situation intermédiaire des *scientiæ mediæ* qui va constituer tout leur problème. N'étant ni purement physiques ni purement mathématiques, elles viennent apparemment déranger le triptyque des sciences théoriques d'Aristote [32]. Elles vont susciter un problème particulier de spécification

---

non convertitur ». *In III De caelo et mundo,* lect. 3, no 4. Voir aussi : *In I De caelo et mundo,* lect. 3, no 6 ; *In Boethii De trinitate,* q. 4 a. 3 (éd. *DECKER,* p. 150, lin. 3) ; q. 5, a. 3, s. c. 3.

31. Notons aussi que ce texte se termine par une remarque sur le caractère plus mathématique que physique des sciences intermédiaires. Nous aurons l'occasion d'aborder expressément ce problème plus loin.

32. Nous ne pouvons que renvoyer aux nombreux travaux parus ces dernières années sur le sujet. Voir, entre autres, L.-M. RÉGIS, *Un livre : La philosophie de la nature, Quelques apories,* dans *ER* (Philosophie, 1), Ottawa, Collège dominicain, 1936, p. 127-156 ; A. MANSION, *Introduction à la physique aristotélicienne,* Louvain, Ed. de l'Inst. sup. de philosophie — Paris, Vrin, 2e éd. rev. et aug., 1946, p. 122-195 ; P. MERLAN, *From Platonism to Neo-Platonism,* The Hague, Nijhoff, 1953, p. 53-77 ; IDEM, *Abstraction and Metaphysics in St. Thoma's Summa,* dans *JHI,* 14 (1953), p. 284-291 ; L.-B. GEIGER, *Abstraction et séparation d'après saint Thomas,* dans *RSPT,* 31 (1947), p. 3-40 (reproduit dans *Philosophie et spiritualité,* Paris, Cerf, 1963, vol. I, p. 87-124) ; J.D. ROBERT, *La métaphysique, science de toute autre discipline philosophique selon saint Thomas d'Aquin,* dans *DTP,* 50 (1947), p. 206-222 ; R.W. SCHMIDT, *L'emploi de la séparation en métaphysique,* dans *RPL,* 58 (1960), p. 373-393 ; L. VICENTE, *De modis abstractionis juxta sanctum Thomam,* dans *DTP,* 66 (1963), p. 35-65, 189-218 ; 67 (1964), p. 278-299 ; S. NEUMANN, *op. cit.* (cf. Introduction, note 6).

et fournir l'occasion d'expliciter la théorie de la subalternation. Cela entraîne des conséquences au plan du type d'explication ou de démonstration de ces sciences. Ainsi le 'fait' et le 'pourquoi' (*quia* et *propter quid*), qui normalement se retrouvent à l'intérieur de la même science, vont être répartis entre la science subalternée et la science subalternante. Finalement, comme nous nous trouvons devant une application de la mathématique à quelque chose qui est extrinsèque à son *genus subjectum,* il faudra savoir si cette application fournit, oui ou non, une explication prochaine et propre des phénomènes naturels. Tout cela se trouve comme concentré dans la fameuse question, fort débattue au moyen âge, de savoir si ces sciences sont plus physiques ou plus mathématiques.

Énumération des sciences intermédiaires

Les problèmes que nous venons de relever sont ceux que nous devrons essayer d'éclairer dans les paragraphes suivants. Avant de le faire, pourtant, nous croyons utile d'établir la liste des sciences que saint Thomas plaçait sous la rubrique 'sciences intermédiaires'. Nous avons déjà cité quelques exemples, mais une liste plus complète précisera davantage notre champ de travail.

Les sciences intermédiaires le plus fréquemment mentionnées sont l'*astrologia,* la *musica,* et la *perspectiva.* Dans les textes que nous avons cités [33], la première apparaît dix-huit fois, la deuxième, douze fois et la troisième, onze fois.

Le plus souvent l'*astrologia* est dite emprunter ses principes à la mathématique, sans autre précision. Mais l'*Expositio* sur la *Physique* est plus explicite et dit : *Astrologia considerationem geometriæ et arithmeticæ applicat ad cælum et ad partes ejus* [34]. D'ailleurs, suivant le témoignage d'autres textes, l'arithmétique et la géométrie constituent les deux branches des mathématiques pures

33. Cf. notes 9-22 : nous assimilons les termes apparentés comme *astrologia, astrologus ; musica, musicus ;* etc. Pour le sens du mot *astrologia* voir A. MAURER, *The Division and Methods of the Sciences,* p. 36-37, note 21 ; T. LITT, *Les corps célestes dans l'univers de saint Thomas d'Aquin,* p. 387, 2e colonne.

34. *In II Physicorum,* lect. 3, no 8.

(*scientiæ pure mathematicæ*) [35]. Deux points semblent avoir retenu l'attention de saint Thomas : premièrement, le caractère hypothétique des systèmes astronomiques qu'il connaissait [36] et, en second lieu, le procédé différent que l'astronome et le physicien ont de démontrer. Les procédés de l'un et de l'autre dans leur démonstration de la sphéricité de la terre illustrent cet aspect avec beaucoup de clarté. On les retrouve à plusieurs reprises dans les textes [37].

Dans l'*Expositio* sur le *De trinitate,* nous rencontrons, mentionnée à côté de l'astronomie, une *scientia de sphera mota : Et in scientiis mediis inter mathematicam et naturalem tractatur de mensuris motuum, sicut in scientia de sphera mota et in astrologia* [38]. À prendre le texte tel quel, il s'agirait d'une science distincte de l'astronomie. A. Maurer la considère comme l'*étude générale du mouvement des corps sphériques* [39].

Finalement, l'*Expositio* sur les *Seconds analytiques* (I, lect. 25, no 2 ; cf. no 3) fait mention de l'*apparentia, idest scientia navalis, quæ considerat signa apparentia serenitatis vel tempestatis.* Cette science est présentée comme subalternée à l'astronomie. Le point est intéressant à relever, parce qu'il nous montre un enchaîne-

---

35. Cf. *In Boethii De trinitate,* q. 5, a. 3, ad 6m ; *In II Physicorum,* lect. 3, no 8 ; *In I Post. anal.,* lect. 25, no 3 (cf. no 2) ; lect. 41, no 3 ; *In I Metaphysicorum,* lect. 13, no 202.

Il serait à observer que ces deux branches n'ont pas une position tout à fait parallèle, parce que l'arithmétique est plus abstraite, plus simple et plus certaine que la géométrie *quae se habet ex additione ad arithmeticam* (cf. par exemple, *In I Post. anal.,* lect. 9, no 3 ; lect. 41, no 4 ; *In I Metaph.,* lect. 2, no 47 ; *In I De caelo et mundo,* lect. 3, no 6) ; c'est ainsi qu'on peut comprendre cette affirmation de l'*Expositio* sur la *Métaphysique* (IV, lect. 2, no 563) ; « *mathematica habet diversas partes,* et *quamdam principaliter* sicut arithmeticam, et *quamdam secundario* sicut geometriam, et *alia consequenter se habent his,* sicut perspectiva, astrologia et musica ».

36. Cf. références apportées à la note 19. Pour compléter cette liste de textes, voir T. LITT, *op. cit.,* chap. XVIII : *Saint Thomas devant les hypothèses astronomiques,* p. 342-346.

37. *In II Sententiarum,* dist. 24, q. 2, a. 2, ad 5m ; *In Boethii De trinitate,* q. 5, a. 3, ad 7m ; *Summa theologiae,* Ia, q. 1, a. 1 , ad 2m ; *In II Physicorum,* lect. 3, no 9 ; *Summa theologiae,* Ia-IIae, q. 54, a. 2, ad 2m.

38. *In Boethii De trinitate,* q. 5, a. 3, ad 5m.

39. « By the science of the moved sphere (*sphaera mota*) is meant the study of the movement of spherical bodies » (A. MAURER, *op. cit.,* p. 26-27, note 4). Cet auteur renvoie à l'*Expositio* sur la *Physique* VI, lect. 12, no 3 et aux références de l'index de l'*Expositio* de saint Thomas sur le *De caelo,* éd. léonine, p. 443.

ment progressif des sciences, la mathématique fournissant ses principes à l'astronomie et celle-ci à la technique de prévision du temps.

La 'musique', aussi nommée 'harmonique' ou 'consonance' (*musica, harmonica, consonantia),* emprunte ses principes à l'arithmétique et les applique à l'étude des sons. *L'Expositio* sur les *Seconds analytiques* (I, lect. 25, no 3) présente la *musica secundum auditum, idest practica musicæ, quæ cognoscit ex experientia auditus sonos* comme subalternée à la musique. On retrouve ici une chaîne de sciences semblable à celle qui relie la mathématique, l'astronomie et la technique de prévision du temps.

La 'perspective' (*perspectiva*), qui reçoit aussi le nom de 'science visuelle' (*speculativa scientia*) [40], applique aux rayons lumineux les principes de la géométrie.

Une science dite physique, la 'science de l'arc-en-ciel' (*scientia de iride*), lui est subalternée à son tour. Le même ordre déjà rencontré existerait ici entre la géométrie, la perspective et la science de l'arc-en-ciel [41].

C'est aussi la géométrie qui fournit ses principes aux 'arts mécaniques qui utilisent des mesures' (*artes mechanicæ, quæ utuntur mensuris*), d'après l'*Expositio* sur les *Seconds analytiques* (I, lect. 17, no 6). On trouve une autre mention de ces arts dans l'*Expositio* sur le *De trinitate* (q. 5, a. 1, obj. 5). Mais ce texte est plus vague, puisqu'il parle seulement d'arts mécaniques et ne dit rien à propos de l'utilisation des mesures. La réponse à l'objection en question range ces 'arts mécaniques' sous la physique, avec la médecine [42].

---

40. Un texte de l'*Expositio* sur les *Seconds analytiques* (I, lect. 17, no 6) présente une tournure plus compliquée : « speculativae, sicut scientiae quae sunt de visu, ut perspectivae, quae sunt de visuali ».

41. Cf. *In I Post. anal.*, lect. 25, no 5. Notons qu'il ne s'agirait pas d'une partie proprement dite de la physique, mais plutôt d'une science subalternée à celle-ci. On pourrait raisonner par ressemblance avec l'agriculture. Celle-ci est nommée avec la physique comme une science 'purement naturelle' (*pure naturalis*) dans l'*Expositio* sur le *De trinitate* (q. 5, a. 3, ad 6m), mais une réponse précédente (*ibidem*, q. 5, a. 1, ad 5m) la dit (avec l'alchimie et la médecine) subalternée à la physique.

42. Les arts mécaniques cités sont l' 'agriculture' (*sciencia de agricultura*) et l' 'alchimie' (*alchimia*). Pour la médecine, voir aussi *De veritate,* q. 9, a. 1, ad 3m ; *In Boethii de trinitate,* q. 2, a. 2, ad 5m ; q. 5, a. 1, ad

Plus ou moins apparentée à la géométrie, la *stereometria, idest scientia quæ est de mensurationibus corporum,* est dite avoir comme subalternée la *machinativa, idest scientia de faciendis machinis* [43]. Enfin, pour terminer ce relevé, signalons que l'*Expositio* sur le *De trinitate* (q. 5, a. 3, obj. 5) fait mention de la *scientia de ponderibus* [44].

Les considérations précédentes suffisent pour caractériser assez précisément le champ de notre travail. En effet, nous avons pris contact avec un certain nombre de sciences dites intermédiaires, notamment l'astronomie, la musique et la perspective, qui se caractérisent toutes par l'application des principes abstraits des mathématiques pures à la matière sensible. Cette application est rendue possible par le fait même que les mathématiques sont plus abstraites que les sciences physiques et considèrent des objets plus simples que ces dernières. D'une manière plus générale encore, on peut rattacher cette conception des rapports entre mathématique et physique à une vision hiérarchisée de la réalité, suivant laquelle ce qui est simple se retrouve avec ses propriétés, quoique sous une autre modalité, dans ce qui est composé, tandis que ce qui appartient en propre au composé ne se trouve pas dans ce qui est simple.

Il nous reste à exposer les présupposés et les conséquences de cette application de la mathématique à la réalité physique. Dans un ordre de présentation logique, il nous semble qu'il importe de commencer par exposer ce qui concerne la 'spécification' et la 'subalternation' des sciences intermédiaires. Une fois posées les conditions qui ont trait à la 'spécification' et à la 'subalternation' de ces sciences, il sera possible de comprendre le partage des démonstra-

---

3m (médecine et alchimie). On trouvera quelques renseignements complémentaires sur les arts mécaniques et des indications bibliographiques dans A. MAURER, *op. cit.*, p. 12-13, notes 33 et 34.

43. Cf. *In I Post. anal.*, lect. 25, no 2.

44. Notons toutefois que la *scientia de ponderibus* n'est pas explicitement présente dans la réponse à l'argument. Nous disons 'explicitement', car il est possible qu'elle ait été incluse dans l'*et hujusmodi* qui suit la mention de la musique et de l'astronomie : « Quaedam vero sunt mediae, quae principia mathematica ad res naturales applicant, ut musica, astrologia *et hujusmodi* ». Pour de plus amples informations sur la *scientia de ponderibus,* la statique médiévale, voir E.A. MOODY and M. CLAGETT, *The Medieval Science of Weights* (*Scientia de ponderibus*), Madison, The Univ. of Wisconsin Press, 1960, p. 3-20.

tions *quia* et *propter quid* entre la science subalternée et la science subalternante, ainsi que le type d'explication fournie par les sciences intermédiaires et leur caractère plutôt mathématique que physique. Aussi allons-nous maintenant examiner ce présupposé fondamental — la 'spécification' et la 'subalternation' — tel qu'il est décrit par saint Thomas.

'SPÉCIFICATION' ET 'SUBALTERNATION' DE LA SCIENCE

Nous avons constaté au début de ces recherches que, dès ses premières œuvres, saint Thomas utilise le schéma de la subalternation des sciences [45]. Ce schéma trouve une application particulièrement importante dans le cas des sciences intermédiaires ; nous le ferons voir plus loin. Nous voulons montrer aussi comment les sciences intermédiaires ont fourni à saint Thomas l'occasion d'expliciter et de préciser ses idées sur la subalternation des sciences.

Les textes

Déjà dans l'*Expositio* sur le *De trinitate* (q. 5, a. 1, ad 5m), nous trouvons un exposé assez développé de cette question ; le schéma de subalternation y est amené pour situer la médecine et les arts mécaniques par rapport à la physique [46]. L'*Expositio* sur les *Seconds analytiques* [47] présente cependant un exposé plus complet et plus cohérent encore.

Le passage cité de l'*Expositio* sur le *De trinitate* distingue bien une double façon pour une science d'être contenue sous une autre : *comme sa partie* ou *comme subalternée à elle*. Mais, dans la justification de cette distinction, il y a un changement de point de vue entre le premier et le deuxième membre de la distinction. Dans le premier, on considère qu'une science est une partie d'une autre

---

45. Voir note 25 et suiv.

46. Les textes antérieurs à ce passage de l'*Expositio* sur le *De trinitate* caractérisent bien la science subalternée par le fait qu'elle emprunte ses principes à une science supérieure (subalternante), mais ils ne disent pas pourquoi la science subalternée ne se réduit pas purement et simplement à la science subalternante.

47. Les références sont données plus haut à la note 9.

parce que son 'sujet' [48] fait partie du 'sujet' de cette autre. Ainsi, la botanique est une partie de la science de la nature, parce que la plante est une partie (on ne précise pas qu'il s'agit d'une espèce) du corps naturel. Mais, dans le deuxième membre de la distinction, on dit qu'une science est subalternée à une autre, parce qu'elle connaît le *quia* de ce dont la science sous laquelle elle est placée connaît le *propter quid* [49]. L'exemple donné est celui des rapports existant entre la musique (une des sciences intermédiaires) et

---

48. Saint Thomas distingue deux aspects dans la science : elle peut être envisagée comme une qualification du sujet connaissant (*habitus*) ou comme une sorte de reconstruction intentionnelle de l'être extramental (ensemble de propositions concernant un aspect de l'être). C'est ce qu'on exprime en disant que la science peut être considérée *ex parte scientis* ou *ex parte scibilis*. Le premier aspect intéresse surtout la psychologie ; le deuxième, la logique, qui considère la science non en tant que forme de la nature, mais dans son originalité propre d'être intentionnel. Voici quelques textes sur cette distinction : *In III Sententiarum*, dist. 8, a. 5, ad 5m ; *De veritate*, q. 3, a. 3 (éd. MARIETTI, § C) ; *Qdl. VII*, a. 4 (très important) ; *De potentia*, q. 7, a. 5, ad 9m ; *In V Metaphysicorum*, lect. 18, nos 1026-1029.

La terminologie *objectum scientiae* et *subjectum scientiae* est liée à cette distinction de la science en tant que considérée *ex parte scientis* et *ex parte scibilis*. L' 'objet' et le 'sujet' jouent un rôle proportionnel : « Sic enim se habet subjectum ad scientiam, sicut objectum ad potentiam vel habitum » (*Summa theologiae*, Ia, q. 1, a. 7). On ne doit pas confondre le 'sujet' dont parle le texte de la *Somme de théologie*, avec le sujet d'inhérence de la science. Ce serait brouiller les perspectives et finalement ne considérer que l'aspect *ex parte scientis*. Pour parer à ce danger de confusion, on a proposé de distinguer *subjectum in quo* (sujet d'inhérence de l'*habitus* scientifique) et *subjectum de quo*.

Le rôle de ce dernier est bien indiqué par ce passage du *Commentaire* de saint Thomas sur les *Sentences* : « *Subjectum habet ad scientiam ad minus tres comparationes. Prima est,* quod quaecumque sunt in scientia debent contineri sub subjecto... *Secunda comparatio est,* quod subjecti cognitio principaliter intenditur in scientia... *Tertia comparatio est,* quod per subjectum distinguitur scientia ab omnibus aliis ; quia secantur scientiae quemadmodum et res, ut dicitur in III *De anima* ». *In I Sententiarum*, prol., q. 1, a. 4.

La deuxième fonction du 'sujet' est reprise dans le prologue de l'*Expositio* sur la *Métaphysique* : « Hoc enim est subjectum in scientia, cujus causas et passiones quaerimus, non autem ipsae causae alicujus generis quaesiti ». Voir aussi ALBERT LE GRAND, *Métaphysique*, Lib. I, tract. I, chap. 2, éd. GEYER, p. 3, col. b, lignes 64-68, qui mentionne les deux premières fonctions du 'sujet' : « Subjectum est in scientia, ad quod sicut ad commune praedicatum reducuntur partes et differentiae, quarum quaeruntur proprietates in ipsa, et ad quod consequuntur passiones, quae inesse subjecto demonstrantur ».

49. Nous préciserons le sens de ces expressions dans la section suivante.

l'arithmétique. Voici le texte de l'*Expositio* sur le *De trinitate,* que nous venons d'examiner :

> *Aliqua scientia continetur sub alia dupliciter : uno modo* ut pars ipsius, quia scilicet subjectum ejus est pars aliqua subjecti illius, sicut planta est quædam pars corporis naturalis ; unde scientia de plantis continetur sub scientia naturali ut pars ; *alio modo* continetur una scientia sub alia ut ei subalternata, quando scilicet in superiori scientia assignatur propter quid eorum, de quibus scitur in scientia inferiori solum quia, sicut musica ponitur sub arithmetica.

Certes, la considération des rapports entre les 'sujets' et celle des rapports entre deux types d'explication sont liées entre elles, mais il y a là vraiment deux points de vue, et nous les trouvons adéquatement distingués dans l'*Expositio* sur les *Seconds analytiques.* Celle-ci, en effet, présente la question à partir du point de vue du *subjectum scientiæ,* et y rattache la question de l'explication *quia* et *propter quid,* à la façon d'une conséquence.

Voici le passage de l'*Expositio* du premier livre des *Seconds analytiques* (lect. 25, no 2), qui présente la distinction entre une partie d'une science et une science subalternée :

> Sed intelligendum est *unam scientiam esse sub altera dupliciter ; uno modo,* quando subjectum unius scientiæ sicut animal est species corporis naturalis, et ideo scientia de animalibus est sub scientia naturali ; *alio modo,* quando subjectum inferioris scientiæ, non est species subjecti superioris scientiæ ; sed subjectum inferioris scientiæ comparatur ad subjectum superioris, sicut materiale ad formale. Et hoc modo accipit [Aristoteles] hic unam scientiam esse sub altera, sicut speculativa, idest perspectiva, se habet ad geometriam [50].

---

50. On notera que ce passage (moins la dernière phrase, qui reprend le texte d'Aristote), de même que celui de la leçon 15 (no 5) cité *infra,* est un développement personnel de saint Thomas. Voici à ce sujet une intéressante observation méthodologique du P. GEIGER : « Beaucoup reste à faire pour l'exploitation systématique des commentaires, par la distinction notamment des passages destinés à fixer aussi objectivement que possible le sens du texte ou l'intention de l'auteur, et ceux qui contiennent la pensée personnelle du commentateur. Ces derniers se reconnaissent presque toujours facilement par les formules d'introduction telles que : 'Et hujus ratio

Comme nous l'avons déjà fait remarquer, la distinction se prend ici du point de vue du *subjectum scientiæ* : si nous considérons une espèce du *subjectum* de la science supérieure, la science qui traite de cette espèce n'est qu'une partie de la science supérieure ; mais le *subjectum* de la science inférieure peut ne pas être une espèce du *subjectum* de la supérieure et maintenir avec lui un autre type de relation, c'est-à-dire une relation comparable à celle de la matière à la forme. Dans le premier cas (genre-espèce) nous ne sortons pas du *genus subjectum* de la science supérieure, alors que dans le deuxième (forme-matière), le *subjectum* de la science subalternée ne forme avec celui de la subalternante qu'un *genus secundum quid*. À ce sujet, la leçon 15 (no 5) de l'*Expositio* sur les *Seconds analytiques* est très éclairante :

> Sciendum est autem quod *simpliciter idem genus accipitur,* quando ex parte subjecti non sumitur aliqua differentia determinans, quæ sit extranea a natura illius generis ; sicut si quis per principia verificata de triangulo procedat ad demonstrandum aliquid circa isoscelem vel aliquam aliam speciem trianguli. *Secundum quid autem est genus,* quando assumitur circa subjectum aliqua differentia extranea a natura illius generis ; sicut visuale est extraneum a genere lineæ, et sonus est extraneus a genere numeri. Numerus ergo simpliciter, qui est genus subjectum arithmeticæ, et numerus sonorum, qui est genus subjectum musicæ, non sunt unum genus simpliciter. Similiter autem nec linea simpliciter, quam considerat geometra, et linea visualis, quam considerat perspectivus. Unde patet quod quando ea, quæ sunt lineæ simpliciter, applicantur ad lineam visualem, fit quodammodo descensus in aliud genus : non autem quando ea, quæ sunt trianguli, applicantur ad isoscelem.

Enfin, il importe ici de rappeler un passage de la *Somme de théo-*

---

est...' ou bien : 'Ad hoc considerandum est...' ». Cf. *Saint Thomas et la métaphysique d'Aristote,* dans *Aristote et saint Thomas d'Aquin* (*Journées d'études internationales, Chaire cardinal Mercier,* 1955), Louvain, Publ. univ. de Louvain—Paris, Béatrice Nauwelaerts, 1957, p. 177 ; repris dans *Philosophie et spiritualité,* I, p. 127.

logie [51], qui dégage la doctrine dans toute sa généralité. Son application épistémologique, telle que nous l'avons observée dans le dernier texte de l'*Expositio* sur les *Seconds analytiques,* n'en est pas pour autant déclarée invalide, comme le passage en question le rappelle d'ailleurs :

> Respondeo dicendum quod ad rationem speciei pertinet quod se habeat ex additione ad genus. *Sed generi potest aliquid addi dupliciter. Uno modo,* quod per se ad ipsum pertinet, et virtute continetur in ipso : sicut rationale additur animali. Et talis additio facit veras species alicujus generis : ut per Philosophum patet, in VII [52] et VIII [53] *Metaphys. Aliquid vero* additur generi quasi aliquid extraneum a ratione ipsius : sicut si album animali addatur, vel aliquid hujusmodi. Et talis additio non facit veras species generis, secundum quod communiter loquimur de genere et speciebus. *Interdum tamen* dicitur aliquid esse species alicujus generis propter hoc quod habet aliquid extraneum ad quod applicatur generis ratio sicut carbo et flamma dicuntur esse species ignis, propter applicationem naturæ ignis ad materiam alienam. *Et simili modo loquendi* dicuntur astrologia et perspectiva species mathematicæ, inquantum principia mathematica applicantur ad materiam naturalem.

La subalternation comme cas particulier de la spécification des sciences

Restons dans les limites du domaine de l'épistémologie. Il nous semble possible d'affirmer que la subalternation est un cas particulier de la spécification des sciences. Pour l'établir, il n'est que de partir du principe général qui règle toute la doctrine de la spécification des sciences. En effet, pour qu'une science soit dotée d'unité interne et distinguée de toute autre, il lui faut une unité de 'sujet' et de 'principes'. L'*Expositio* sur les *Seconds analytiques* le

---

51. *Summa theologiae,* Ia-IIae, q. 35, a. 8. Le but de l'article est de justifier la division des espèces de tristesse. Pour le faire, saint Thomas commence par établir une sorte de cadre général concernant le genre et l'espèce.

52. *Métaphysique,* VII, 12, 1038a5.

53. *Ibidem,* VIII, 2, 1043a5 ; 3, 1043b28.

dit d'une façon claire et brève : *Ad hoc autem quod sit una scientia simpliciter utrumque requiritur et unitas subjecti et unitas principiorum*[54]. Si donc on applique à un 'sujet' des principes qui se rattachent à un autre, la démonstration ne sera pas valable, ou, dans la meilleure hypothèse, ne sera qu'une démonstration dialectique, c'est-à-dire générale et non pleinement convaincante. On touche ici du doigt la rigueur de l'idéal scientifique aristotélicien qui demande qu'une démonstration soit faite *ex necessariis et propriis,* c'est-à-dire à partir de principes nécessaires et propres[55].

Or, Aristote se trouvait déjà devant des cas où on appliquait à un 'sujet' physique des principes mathématiques[56]. C'était notamment le cas de l'astronomie, de la perspective et de l'harmonique — les trois sciences intermédiaires les plus importantes. Comment alors justifier ces cas, où il semblait y avoir 'passage à un autre genre' (*descensus in aliud genus,* comme on dira plus tard) ? Nous trouvons une mention de ce problème dans le septième chapitre du premier livre des *Seconds analytiques,* où Aristote aborde la question de l'incommunicabilité des 'genres sujets'. Il renvoie le problème à plus tard[57] et se contente de dire que *le genre doit nécessairement être le même, soit d'une façon absolue, soit tout au moins d'une certaine façon, si la démonstration doit se transporter d'une science à une autre*[58]. Nous avons déjà cité le texte de

54. *In I Post. anal.,* lect. 41, no 11, *in fine.* Il faudrait rappeler que toute une partie assez longue de cette leçon (nos 6-13) est consacrée à l'étude du problème de l'unité et de la distinction des sciences.

55. Cf. *Seconds analytiques,* I, chap. 4-12, avec le *Commentaire* de saint Thomas. Ces chapitres des *Seconds analytiques* constituent ce qu'on pourrait nommer un traité de la 'matière' de la démonstration scientifique. On sait que celle-ci concerne seulement les propositions nécessaires, dans lesquelles le prédicat convient au sujet *κατα παντος* **(*de omni*),** *καθ' αυτο* (*per se*) et *το καθολου* (*ut universale*).

56. Voir à ce sujet Pierre DUHEM, *Le système du monde. Histoire des doctrines cosmologiques de Platon à Copernic,* nouv. tirage, Paris, Hermann, s.d., tome I, p. 134-150 ; A. MANSION, *op. cit.,* p. 143-195 ; T. HEATH, *Mathematics in Aristotle,* Oxford, Clarendon Press, 1949, p. 1-16, cf. p. 58-61.

57. « Quant à savoir comment le passage est possible dans certains cas, nous le dirons ultérieurement » (5b5). Les citations d'Aristote en français sont prises de la traduction de J. TRICOT, *Organon IV, Les Seconds analytiques,* traduction nouvelle et notes (Bibliothèque des textes philosophiques), nouv. éd., Paris, Vrin, 1966.

58. 75b 6-9.

l'*Expositio* de saint Thomas, où, dans un développement personnel, il éclaire le sens de ce 'même genre d'une certaine façon' (*unum genus sic, idest quodammodo*). Ce texte fait appel à une théorie très précise du genre et de l'espèce, et montre clairement la distinction entre une simple partie d'une science et une science subalternée.

Aristote revient sur le problème au neuvième chapitre, mais il n'ajoute pas grand chose ; il ne fait que répéter les exemples de l'harmonie et de la perspective, et passe au problème de la démonstration du 'fait' et du pourquoi' [59]. Saint Thomas aussi, dans son *Expositio* (lect. 17, no 3), rappelle simplement ce qui a été dit à la leçon 15, pour montrer comment il est possible de faire une démonstration dans la science inférieure à l'aide des principes de la science supérieure [60].

Une troisième référence se trouve au treizième chapitre, qui est consacré tout entier à l'examen de la distinction de la démonstration du 'fait' de celle du 'pourquoi'. Le passage, qui va de 78b34 à 79a13, examine la question en rapport avec les sciences subalternées. Les exemples sont très développés, mais Aristote se borne à constater le fait de la subalternation. L'*Expositio* de saint Thomas renferme un passage [61] qui reprend avec force la distinction formulée par ce dernier à la leçon 15 (no 5). Mais, à une lecture plus attentive, ce rappel comporte une certaine nuance par rapport au texte de la leçon 15. Ce dernier disait simplement que le 'sujet' de la science subalternée comportait une différence extrinsèque à celui de la science subalternante. Or, le texte de la leçon 25, lui, précise que le rapport entre les deux 'sujets' est comparable à

---

59. Voici les textes : « Il n'en peut être autrement que dans des cas tels que les théorèmes de l'Harmonique, qui sont démontrables par l'Arithmétique. De tels théorèmes sont prouvés de la même façon, mais avec une différence : le *fait* dépend d'une science distincte (car le genre qui leur sert de sujet est distinct), tandis que le *pourquoi* dépend de la science plus élevée à laquelle les attributs appartiennent essentiellement ». 76a 9-13. — « Mais, quoi qu'il en soit, la démonstration ne s'applique pas à un autre genre, sinon, ainsi que nous l'avons indiqué, dans l'application des démonstrations géométriques aux théorèmes de la Mécanique ou de l'Optique, ou des démonstrations arithmétiques aux théorèmes de l'Harmonique ». 76a 22-25.

60. « Fit enim demonstratio in inferiori scientia per principia superioris scientiae, ut ostensum est [lect. 15] ».

61. I, lect. 25, no 2 .

l'application d'une forme à une matière. Et les deux aspects sont utilisés dans l'explication des exemples d'Aristote, avec, toutefois, une prédominance du deuxième aspect (matière-forme) :

> Et hoc modo [sicut materiale ad formale] accipit [Aristoteles] hic unam scientiam esse sub altera, sicut speculativa, idest perspectiva, se habet ad geometriam. Geometria enim est de linea et aliis magnitudinibus : perspectiva autem est circa lineam determinatam ad materiam, idest circa lineam visualem. Linea autem visualis non est species lineæ simpliciter, sicut nec triangulus ligneus est species trianguli : non enim ligneum est differentia trianguli. Et similiter machinativa, idest scientia de faciendis machinis, se habet ad stereometriam, idest ad scientiam quæ est de mensurationibus corporum. Et hæc scientia dicitur esse sub scientia per applicationem formalis ad materiale. Nam mensuræ corporum simpliciter comparantur ad mensuras lignorum et aliarum materiarum, quæ requiruntur ad machinas, per applicationem formalis ad materiale. Et similiter se habet harmonia idest musica, ad arithmeticam. Nam Musica applicat numerum formalem (quem considerat arithmeticus) ad materiam, id est sonos. Et similiter se habet apparentia, idest scientia navalis, quæ considerat signa apparentia serenitatis vel tempestatis, ad astrologiam, quæ considerat motus et situs astrorum [62].

Notons ici que la même combinaison se retrouve dans la *Somme de théologie* [63], en une formulation qui la dégage peut-être mieux.

Après cette brève analyse, on voit comment les sciences intermédiaires ont été l'occasion du développement de la théorie de la subalternation. En effet, elles sont présentes dans tous les textes qu'on vient d'examiner. Même celui de l'*Expositio* sur le *De trinitate* (q. 5, a. 1, ad 5m), qui avait pour but de placer la médecine et les arts mécaniques sous la physique, cite comme premier exemple de science subalternée la 'musique', et utilise seulement après coup

---

62. *In I Post. anal.*, lect. 25, no 2.
63. Ia-IIae, q. 35, a. 8.

l'élaboration déjà faite pour résoudre le cas en question [64]. Les sciences intermédiaires obligeaient ainsi à assouplir le cloisonnement des *genera subjecta.* On observe d'ailleurs un certain progrès d'Aristote à saint Thomas. Le premier disait tout simplement, dans le passage le plus explicite des *Seconds analytiques* [65], qu'il fallait une certaine communauté de 'sujet' pour que l'application des principes mathématiques à la physique soit possible. Saint Thomas, lui, s'attache à formuler cette communauté d'une façon plus précise et plus technique. Il y a même un progrès dans ses propres textes : celui de l'*Expositio* sur le *De trinitate* reste encore imparfait, tandis que les présentations faites dans l'*Expositio* sur les *Seconds analytiques* et dans la *Somme de théologie* sont plus claires et plus rigoureuses. On a aussi vu que les passages de l'*Expositio* sur les *Seconds analytiques,* où saint Thomas s'attaque au problème, sont des développements personnels. Il resterait à voir s'il trouvait déjà des indications dans quelque prédécesseur autre qu'Aristote.

De toute façon, si on se demande pourquoi les principes mathématiques peuvent être appliqués à la physique, la réponse, au niveau

---

64. Il y aurait lieu de citer encore, en ce qui concerne saint Thomas, la théologie. Mais, ici aussi, nous nous trouvons devant une transposition d'un schéma qui, primitivement, avait été pensé en fonction des sciences intermédiaires ; transposition, d'ailleurs, qui ne se fera pas sans d'importantes adaptations : la théologie empruntera ses principes à la science de Dieu et des bienheureux, mais le 'sujet' de la science (Dieu) reste le même, que ce soit dans celle-là ou dans celles-ci. Quelques phrases de CHENU résument bien toute la problématique : « Il est évidemment hors l'épistémologie aristotélicienne de dissocier deux types de subalternation, car au plan des connaissances humaines, la subalternation des principes est liée à la subalternation des objets : l'optique emprunte à la mathématique des principes, parce que son objet, à elle propre et spécifiquement différent, est subordonné à celui de la mathématique. En théologie, ce n'est pas pour atteindre un objet différent de la science de Dieu que le théologien 'croit' les principes reçus d'elle ; c'est parce que cet objet même auquel il a accès par la foi est une réalité mystérieuse totalement inaccessible à la raison ». *La théologie comme science au XIIIe siècle,* p. 82 ; cf. p. 83, note 2. Sur ce sujet voir J. BEUMER, *Thomas von Aquin zum Wessen der Theologie,* dans *Scholastik,* 30 (1955), p. 195-214 ; M.-D. CHENU, *op. cit.,* p. 67-92 ; E. SCHILLEBEECKX, *Approches théologiques,* vol. I : *Révélation et théologie,* Bruxelles, Cep—Paris, Office général du Livre, 1965, p. 79-142 ; 191-219. À la p. 100 de ce dernier ouvrage, on trouve une remarque très importante pour comprendre le sens de l'effort de saint Thomas appliquant la notion aristotélicienne de science à la théologie.

65. I, 7, 75b 6-9 ; le texte a été cité plus haut.

de la théorie de la subalternation, sera que les 'sujets' des deux sciences ne sont pas totalement dépourvus de liens entre eux [66], et que celui de la physique, tout en n'étant pas à proprement parler une espèce de celui de la mathématique, maintient avec lui des rapports qui peuvent être assimilés à ceux de la matière et de la forme [67]. Cette doctrine permet de sauvegarder l'application des principes mathématiques à une matière physique, sans réduire purement et simplement les domaines où cela se fait à celui des mathématiques pures. Ainsi, les sciences intermédiaires ne seront pas, à proprement parler, des espèces de la mathématique, comme c'est le cas pour l'arithmétique et la géométrie.

Enfin, nous avons vu aussi que la question du *quia* et du *propter quid* était étroitement rattachée à la subalternation, les rapports entre le 'sujet' de la science subalternante et celui de la science subalternée commandant ceux qui existent entre les types d'explication propres à chacune de ces sciences. Les deux questions (subarternation et type d'explication) sont si étroitement liées, qu'il était facile de passer inconsciemment d'un problème à l'autre. Ce qui nous conduit à examiner plus en détail comment la question du *quia* et *propter quid* se rattache à la subalternation.

SCIENCE QUIA ET PROPTER QUID

***Quia* et *propter quid* dans les sciences subalternées**

Tout le treizième chapitre du premier livre des *Seconds analytiques* est consacré à l'établissement de la distinction entre les démonstrations *quia* et *propter quid*. La deuxième partie de ce chapitre nous intéresse particulièrement, parce qu'elle concerne la distinction de ces deux types de démonstration, en tant qu'ils appartiennent à des sciences distinctes, et principalement à des sciences qui ont entre elles un rapport de subalternation [68]. Or, nous l'avons vu précédemment, le cas le plus typique des sciences qui

---

66. Cf. *In I De caelo et mundo,* lect. 3, no 6 ; III, lect. 3, no 4.

67. Il nous faudra ultérieurement préciser de quel genre de matière et de forme il s'agit dans les rapports de la physique avec la mathématique.

68. Le cas *in* [*diversis*] *scientiis quorum una non est sub altera* (géométrie — médecine) est, somme toute, accidentel. Cf. S. MANSION, *Le jugement d'existence chez Aristote,* Louvain, Inst. sup. de philosophie — Paris, Desclée de Brouwer et Cie, 1946, p. 146, note 50.

ont entre elles un tel rapport est celui des sciences intermédiaires face aux mathématiques pures. Il est donc naturel que l'*Expositio* de saint Thomas sur le chapitre 13 nous fournisse des éclaircissements sur le partage des démonstrations *quia* et *propter quid* entre les sciences intermédiaires et les mathématiques pures. Voici comment la question y est présentée :

> Alio modo a praedictis [differentia inter demonstrationem quia, et propter quid in eadem scientia] differt propter quid ab ipso quia, propter hoc quod in diversis scientiis considerantur, idest quod ad unam scientiam pertinet scire propter quid, et ad aliam scientiam pertinet scire quia [69].

Après avoir distingué les sciences subalternées (*quarum una est sub altera*) de celles qui ne le sont pas (*quarum una non est sub altera*), l'*Expositio* de saint Thomas montre quels rapports ont entre elles les sciences subalternées (*qualiter se habeant scientiæ ad invicem, quarum una est sub altera, ad quarum unam pertinet propter quid, al alteram autem quia*). C'est dans cette section qu'on trouve l'exposé de la subalternation que nous avons examiné plus haut (*quomodo prædictæ scientiæ se habeant ad invicem secundum ordinem*) [70]. Il est suivi d'un exposé sur la plus ou moins grande proximité de ces sciences (*qualiter se habeant ad invicem secundum convenientiam*) [71] ; nous aurons l'occasion d'y revenir. Vient ensuite le sujet principal de la leçon :

> Quomodo in prædictis scientiis [quarum una est sub altera] ad unam earum pertinet quia et ad aliam propter quid [72].

La question, ainsi posée, est abordée en deux instances :

> 1) Quomodo scientiæ, quæ sub se continent alias, habent dicere propter quid [73].
>
> 2) Quomodo scientiæ, quæ sub eis continentur, habent dicere propter quid respectu aliarium scientiarum [74].

---

69. *In I Post. anal.*, lect. 25, no 1.
70. *Ibidem*, no 2.
71. *Ibidem*, no 3.
72. *Ibidem*, nos 4-5.
73. *Ibidem*, no 4.
74. *Ibidem*.

On subdivise donc la question, qui demandait comment les démonstrations *quia* et *propter quid* sont partagées entre la science subalternée et la science subalternante, en deux autres questions. Celles-ci demandent, à leur tour, comment il revient à la science subalternante de démontrer le *propter quid* et à la subalternée de démontrer aussi le *propter quid,* mais par rapport à d'autres sciences que celle sous laquelle elle est elle-même placée. À cette double question, la réponse est donnée dans les deux passages suivants :

1) Sciendum ergo est circa primum quod in omnibus prænominatis scientiis, illæ quæ continentur sub aliis, applicant principia mathematicæ ad sensibilia. Quæ autem sub se continent alias sunt magis mathematicæ. Et ideo dicit primo Philosophus quod scire quia est sensibilium, idest scientiarum inferiorum, quæ applicant ad sensibilia : sed scire propter quid est mathematicorum, idest scientiarum, quorum principia applicantur ad sensibilia. Hujusmodi enim habent demonstrare ea, quæ assumuntur ut causæ in inferioribus scientiis [75].

2) Etiam scientia subalternata dicit propter quid, non respectu subalternantis, sed respectu cujusdam alterius. Perspectiva enim subalternatur geometriæ. Et si comparemus perspectivam ad geometriam, perspectiva dicit quia et geometria propter quid. Sed sicut perspectiva subalternatur geometriæ, ita scientia de iride subalternatur perspectivæ. Applicat enim principia quæ perspectiva tradit simpliciter, ad determinatam materiam. Unde ipsius physici, qui tractat de iride, est scire quia ; sed perspectivi est scire propter quid. Dicit enim physicus conversionem visus ad nubem, aliquo modo dispositam ad solem, esse causa iridis. Propter quid autem sumit a perspectivo [76].

L'apport principal de l'*Expositio* sur les *Seconds analytiques.*

Le premier des deux derniers textes cités dans le paragraphe précédent est clair, quand il rattache l'explication *quia* aux sciences

75. *In I Post anal.,* lect. 25, no 4.
76. *In I Post. anal.,* lect. 25, no 5.

subalternées qui appliquent les principes mathématiques aux réalités sensibles, et l'explication *propter quid* aux sciences 'plus mathématiques', c'est-à-dire aux mathématiques pures. Le même partage se trouve réalisé, d'après le deuxième texte, entre une science appartenant au domaine du physicien et une science mathématique appliquée (science déjà subalternée). C'est ce qui est illustré par l'exemple de la science de l'arc-en-ciel et de la perspective. Par contre, les deux textes sont plus obscurs en ce qui concerne la signification des expressions *quia* et *propter quid.* Le premier texte dit que les sciences plus mathématiques fournissent le *propter quid,* parce qu'il leur revient de démontrer ce qui est pris comme cause explicative dans les sciences subalternées. On pourrait donc traduire *propter quid* par 'pourquoi' au sens fort d'explication dernière. Alors, *quia* prendrait le sens d'explication subordonnée, c'est-à-dire d'explication qui est elle-même dépendante d'une autre. En d'autres mots, le mathématicien connaît le *propter quid,* parce qu'il a démontré les théorèmes de l'arithmétique et de la géométrie. Il sait donc 'pourquoi' ils sont vrais. Celui, au contraire, qui applique ces théorèmes aux problèmes physiques les prend ou les accepte comme vrais, et les utilise pour éclairer les problèmes de sa science. Mais, ne les ayant pas démontrés lui-même, il ne connaît pas 'pourquoi' ils sont vrais. Toute l'intelligibilité de sa science en portera la marque et sera suspendue à l'intelligibilité plus achevée et plus complète de la science supérieure [77].

À ces données, le deuxième texte ajoute encore quelque chose. En effet, il s'achève par un intéressant exemple, qui ne se trouve pas dans le texte d'Aristote. Cet exemple veut éclairer les rapports entre la physique (précisément la science de l'arc-en-ciel) et la perspective. Si on demande au physicien quelle est la cause de l'arc-en-ciel, il va répondre que c'est le fait de regarder un nuage placé de telle façon par rapport au soleil. Mais le 'pourquoi' de ce phénomène est donné par l' 'opticien', sans doute parce qu'il connaît les lois de la propagation de la lumière.

77. Cf. *In I Post. anal.,* lect. 25, no 6, note de l'édition léonine (Zigliara), vol. I, p. 240, première colonne : « Attamen quia causa remota ratione materiae est objectum alterius scientiae superioris (cognoscere enim, e.g., circulum ejusque partes non medici est sed geometrae), hinc medicus, dum assumit illud principium de circulo, non cognoscit ut medicus propter quid, sed quia tantum principii assumpti ».

On voit qu'ici l'explication *quia,* celle du physicien, comporte non seulement la constatation du fait mais aussi une description des conditions dans lesquelles il se produit. On serait donc porté à dire qu'ici la démonstration *quia* est une explication du 'comment' par opposition au 'pourquoi'.

Nous trouvons encore un complément digne d'attention dans un exemple donné à propos des sciences non subalternées, mais qui pourtant sera invoqué plus tard [78] pour illustrer le cas des sciences subalternées. En voici le texte :

> Quod vulnera circularia tardius sanentur, medici est scire quia, qui hoc experitur. Sed propter quid scire est geometræ, ad quem pertinet cognoscere quod circulus est figura sine angulo. Unde partes circularis vulneris non appropinquant sibi, ut possint de facili conjungi [79].

Cette fois, l'accent est mis sur l'expérience. Le médecin constate que les plaies circulaires prennent plus de temps à se fermer. Voilà le savoir *quia.* Mais le 'pourquoi' de cette expérience est donné par le géomètre, qui la rattache à la forme circulaire considérée en tant que telle [80].

Partant, si on transpose aux sciences intermédiaires les données fournies par les deux exemples que nous venons d'examiner (perspective — science de l'arc-en-ciel ; géométrie — médecine), et si on ajoute cela à l'explication qui avait été donnée au no 4 de la leçon 25 de l'*Expositio* sur le premier livre des *Seconds*

---

78. Cf. *In I Post. anal.,* lect. 41, no 2 : « Nam scientia subalternata separatim scit quia, nesciens propter quid. Sicut chirurgicus scit quod vulnera circularia tardius curantur, non autem scit propter quid. Sed hujusmodi cognitio pertinet ad geometram, qui considerat rationem circuli, secundum quam partes ejus non appropinquant sibi per modum anguli, ex qua propinquitate contingit quod vulnera triangularia citius sanantur ».

79. *In I Post. anal.,* lect. 25, no 6.

80. Dans la démonstration *quia* par l'effet, il y a aussi un appel à l'expérience. Si on démontre par exemple que les planètes sont plus proches de la terre, par le fait qu'elles ne scintillent pas, la vérité de la majeure — *tout corps céleste non scintillant est plus proche de la terre* — est obtenue par induction : « Hujusmodi autem propositionis [omnis stella non scintillans prope est] veritas oportet quod accipiatur per inductionem, aut per sensum, quia effectus hic est notior causa quantum ad sensum ». *In I Post. anal.,* lect. 23, no 6.

analytiques, nous obtenons une meilleure vision du savoir *quia* propre aux sciences intermédiaires. Celui-ci sera :

1) basé sur l'expérience (fait) ;

2) descriptif (comment) ;

3) mathématisé, à l'aide des principes empruntés à la mathématique pure (explication subordonnée).

Quia, propter quid et démonstration par la cause lointaine

Mais, il nous reste encore un point à mettre en relief. En effet, la leçon 25 de l'*Expositio* sur le premier livre des *Seconds analytiques,* dont nous essayons de rassembler les données sur la démonstration et la science *quia* et *propter quid,* se termine par cette remarque personnelle de saint Thomas :

> Sciendum est autem quod illa differentia quia et propter quid, quæ est secundum diversas scientias [81], continetur sub altero prædictorum modorum, scilicet quando fit demonstratio per causam remotam [82].

C'est un clair renvoi à la leçon 24 de la même *Expositio,* où est étudiée la démonstration *quia* par la cause éloignée [83]. Suivant en cela Aristote, saint Thomas avait déjà distingué, à la leçon 23, deux types de démonstration *quia* au-dedans de la même science : la *démonstration par la cause lointaine* et la *démonstration par l'effet.* Voici d'ailleurs comment il présente cette distinction :

> Superius [lect. 4] dictum est quod demonstratio est syllogismus faciens scire, et quod demonstratio ex causis rei procedit et primis et immediatis. Quod intelligendum est de demonstratione propter quid. Sed tamen differt scire quia ita est, et propter quid ita est. Et cum demonstratio sit syllogismus faciens scire, ut dictum est, oportet etiam quod demonstratio quæ facit scire quia, differat a de-

81. Qu'elles soient subalternées ou non, peu importe ; la remarque vaut pour tout le sujet de la leçon.

82. *In I Post. anal.,* lect. 25, no 6, *in fine.*

83. Voir aussi *In I Post. anal.,* lect. 13, no 11, *in fine* : « Scientia quia, qua scitur aliquid per mediata... scientia propter quid, qua scitur aliquid per immediata. Horum autem differentia posterius ostendetur ».

> monstratione quæ facit scire propter quid. Et horum quidem differentia primo consideranda est in eadem scientia ; postea [lect. 25] consideranda est in diversis. *In una autem scientia dupliciter differt utrumque prædictorum,* secundum duo quæ requirebantur ad demonstrationem simpliciter, quæ facit scire propter quid ; scilicet quod sit ex causis, et quod sit ex immediatis. *Uno igitur modo* differt scire quia ab hoc quod est scire propter quid ; quia scire quia est si non fiat syllogismus demonstrativus per non medium, idest per immediatum, sed fiat per mediata. Sic enim non accipietur prima causa, cum tamen scientia, quæ est propter quid, sit secundum primam causam. Et ita non erit scientia propter quid. *Alio modo* differunt, quia scire quia est quando fit syllogismus non quidem per media, idest per mediata, sed per immediata, sed non fit per causam ; sed fit per convertentiam, idest per effectus convertibiles et immediatos [84].

Dans la leçon suivante (lect. 24), on trouve quelques détails supplémentaires sur le premier type de démonstration *quia,* c'est-à-dire sur la démonstration *quia* par la cause lointaine. Voici un passage qui explique le caractère éloigné de la cause invoquée dans ce type de démonstration :

> Non solum in his quæ probantur per effectum demonstratur quia et non propter quid, sed etiam in quibus medium extra ponitur. Dicitur autem medium extra poni quando est diversum a maiori termino, ut accidit in syllogismis negativis. Vel medium extra poni dicitur, quando est extra genus, quasi communius, et non convertitur cum maiori termino. Quod autem per tale medium non possit demonstrari propter quid probat [Aristoteles] ex hoc,

84. *In I Post. anal.,* lect. 23, nos 2-4. Voici la suite du texte sur la démonstration *quia* par l'effet : « Et tamen talis demonstratio fit per notius, scilicet nobis : alias non faceret scire. Non enim pervenimus ad cognitionem ignoti, nisi per aliquid magis notum. Nihil enim prohibet duorum aeque praedicantium, idest convertibilium, quorum unum sit causa, et aliud effectus, notius esse aliquando non causam, sed magis effectum. Nam effectus aliquando est notior causa quoad nos et secundum sensum, licet causa sit semper notior simpliciter, et secundum naturam. Et ita per effectum notiorem causa potest fieri demonstratio non faciens scire propter quid, sed tantum quia ». Les paragraphes suivants de la leçon (nos 5-9) sont consacrés à l'explication de ce type de démonstration.

> quod demonstratio propter quid est per causam. Tale autem medium non est causa proprie loquendo [85].

Ces considérations sur la démonstration *quia* par la cause éloignée à l'intérieur de la même science nous aideront à comprendre comment la démonstration *quia* dans les sciences subalternées, et spécialement dans les sciences intermédiaires (subalternées aux mathématiques pures), se fait aussi à travers une cause éloignée. Mais, il faut nous garder d'identifier les deux cas. En effet, dans la démonstration propre aux sciences intermédiaires, la 'cause', prise comme moyen terme, est éloignée parce qu'elle s'étend à un domaine plus large que celui des propriétés démontrées dans ces sciences. Néanmoins, elle reste la cause explicative propre de ces propriétés [86]. Pour rendre le sujet plus clair reprenons quelques exemples déjà relevés. Que les plaies circulaires se cicatrisent plus lentement, cela est dû au fait que leurs abords ne forment pas d'angles, qui leur permettraient de se rapprocher plus rapidement et plus facilement. Or, ne pas avoir d'angles est une propriété de la circonférence en tant que telle, qui ne peut être démontrée que par des moyens géométriques [87]. De même, les lois de l'harmonie ne peuvent pas être justifiées par les propriétés physiques des sons, mais seulement à l'aide des propriétés des proportions, qui appartiennent aux nombres en tant que tels [88]. Partant, la cause explica-

---

85. *In I Post. anal.*, lect. 24, nos 1-2 ; cf. no 5. Ce texte est suivi d'un exemple explicatif (nos 3-4) qui d'ailleurs est contesté par la biologie actuelle ; mais cela n'est pas en question ici.

86. C'est pour cela que certains commentateurs ont proposé de distinguer *causa remota ratione praedicationis* et *causa remota ratione ordinis seu positionis*. La première peut seulement donner lieu à une démonstration *quia* (au-dedans d'une même science), alors que la deuxième peut donner lieu à une démonstration *quia* (dans la science subalternée) et *propter quid* (dans la science subalternante). Cf. *In I Post. anal.*, lect. 24, no 2, note β, et lect. 25, no 6, note Θ, éd. léonine (Zigliara), vol. 1, p. 233-234 et 239-240. Cette distinction se trouve déjà formulée dans le *Commentaire* de Cajetan sur le treizième chapitre des *Seconds analytiques*. Cf. THOMAE DE VIO CAJETANI, *Commentaria in Posteriora analytica Aristotelis,* Textus ex editione Lugdunensi (1579) excerptus et a E. BABIN et W. BAUMGARTNER exaratus et emendatus, Québec, Les Éditions de l'Univ. Laval, Fac. de phil., 1951, vol. 2, p. 65-67.

87. Cf. plus haut, notes 78 et 79.

88. Cf. *In Boethii De trinitate,* q. 5, a. 3, ad 6m : « musica considerat sonos, non inquantum sunt soni, sed in quantum sunt secundum numeros proportionabiles, et similiter est in aliis [scientiis mediis]. Et propter hoc demonstrat conclusiones suas circa res naturales, sed per media mathematica ». Voir aussi *In II De caelo et mundo,* lect. 14, no 3.

tive (terme moyen) s'applique à tous les cercles (qu'ils soient des plaies ou non) et à tous les nombres (qu'ils soient 'sonores' ou non). Il est donc vrai de dire d'elle : *extra ponitur* et *est extra genus, quasi communius.* Mais, malgré cela, elle reste la cause propre de la propriété attribuée au 'sujet' de la science intermédiaire, parce que cette propriété ne convient au 'sujet' qu'en tant qu'il est une concrétisation d'une forme mathématique. En d'autres mots, la propriété qui est attribuée au 'sujet' de la science intermédiaire ne lui appartient que dans la mesure où il comporte un aspect susceptible d'être envisagé sous une forme mathématique. Un passage de la leçon 17 de l'*Expositio* sur le premier livre des *Seconds analytiques* le souligne bien :

> Alterius scientiæ, scilicet inferioris, est scire ipsum quia tantum : genus enim subjectum inferioris scientiæ est alterum a genere subjecto superioris scientiæ, ex qua sumuntur principia. Sed scire propter quid est superioris scientiæ, cujus sunt per se illæ passiones. Cum enim passio insit subjecto propter medium, illa scientia considerabit propter quid, ad quam pertinet medium, cujus per se est passio, quæ demonstratur. Si vero subjectum sit ad aliam scientiam pertinens, illius scientiæ non erit propter quid, sed quia tantum ; nec tali subjecto per se conveniet passio demonstrata de ipso, sed per medium extraneum. Si vero medium et subjectum pertineant ad eandem scientiam, tunc illius scientiæ erit scire quia et propter quid [89].

Les textes que nous venons de passer en revue nous apportent en premier lieu quelques éléments qui nous permettent de préciser la situation des sciences intermédiaires par rapport aux mathématiques pures, c'est-à-dire leur condition de sciences subalternées. En effet, nous avons déjà vu que leurs 'sujets' formaient avec ceux des sciences purement mathématiques un seul genre sous un certain aspect — *unum genus secundum quid* —, reliés qu'ils étaient par

89. *In I Post. anal.,* lect. 17, no 3. Cette explication se rapproche beaucoup des conceptions de Robert Grosseteste. Cf. son *Commentarius in VIII libros Physicorum Aristotelis,* éd. R. C. DALES, Boulder, Univ. of Colorado Press, 1963, Lib. 2us, p. 35-38 ; voir aussi J.A. WEISHEIPL, *Classification of the Sciences in Medieval Thought,* p. 73-75.

une relation de matière à forme. Or, les propriétés qui sont démontrées du 'sujet' d'une science intermédiaire ne sont pas des propriétés purement physiques (matière), mais plutôt des propriétés que les mathématiques pures étudient de façon abstraite (forme). Elles se rattachent donc comme à leurs 'sujets' propres aux 'sujets' des sciences mathématiques pures, qui seules sont capables de les expliquer vraiment (*propter quid*). Mais il est logique de faire appel aux mêmes démonstrations quand on traite des 'sujets' physiques en tant qu'ils revêtent une forme mathématique, ou, si l'on préfère, en tant qu'une forme mathématique se trouve concrétisée en eux [90]. C'est ainsi que la subalternation des 'sujets' commande une subalternation des principes : les théorèmes mathématiques sont utilisés pour décrire certaines propriétés au niveau des sciences intermédiaires, mais ils ne sont proprement démontrés qu'au niveau des mathématiques pures. Partant, l'explication des sciences intermédiaires reste subordonnée à celle des mathématiques pures.

Mais, n'étant pas purement mathématiques, les sciences intermédiaires doivent tenir compte de la matière où vont être appliqués les principes qu'elles empruntent aux mathématiques pures ; d'où, toute cette partie de constatation et de description que comporte l'explication qui leur est propre. Dans l'ordre de la découverte, cet aspect plutôt inductif (constatation et description) serait même antérieur à l'explication d'ordre mathématique.

L'EXPLICATION DANS LES SCIENCES INTERMÉDIAIRES

Notre analyse du type d'explication propre aux sciences intermédiaires se déroulera en trois étapes : dans la première, nous montrerons *ce que* les sciences intermédiaires démontrent ; dans la deuxième, *comment* elles le démontrent ; la troisième fera ressortir

90. Cf. *In Boethii De trinitate,* q. 5, a. 3, ad 5m : « Motus secundum naturam suam non pertinet ad genus quantitatis, sed participat aliquid de natura quantitatis aliunde, secundum quod divisio motus sumitur vel ex divisione spatii vel ex divisione mobilis ; et ideo considerare motus non pertinet ad mathematicam, sed tamen principia mathematica ad motum applicari possunt. Et ideo secundum hoc, quod principia quantitatis ad motum applicantur, naturalis considerat de divisione et continuitate motus, ut patet in VI *Phys.* [4, 234b21 — 235b5]. Et in scientiis mediis inter mathematicam et naturalem tractatur de mensuris motuum, sicut in scientia de sphaera mota et in astrologia ».

quelques conséquences de ce qui aura été dit dans les deux premières, et apportera certains compléments.

Ce que les sciences intermédiaires démontrent

Nous pouvons utiliser comme point de départ un texte des questions disputées *De veritate* : *Inferior sciens [ille qui habet scientiam subalternatam] non dicitur de his quæ supponit habere scientiam, sed de conclusionibus, quæ ex principiis de necessitate concluduntur* [91]. Cette phrase affirme clairement que l'objet de la science subalternée ne consiste pas dans les principes qu'elle reçoit de la science subalternante, mais dans les conclusions qui découlent nécessairement de ses principes. Le sens de cette affirmation générale sera mieux perçu, si nous examinons quelques cas particuliers, dans lesquels elle se vérifie. Considérons par exemple le *Commentaire sur les Sentences,* où saint Thomas affirme à propos de la perspective : *perspectiva quæ est de linea visuali, et subalternatur geometriæ a qua etiam supponit quæ probantur de linea, inquantum linea, et per illa tanquam per principia probat conclusiones quæ sunt de linea inquantum visualis* [92]. Ainsi, la perspective présuppose comme démontrés les théorèmes de la géométrie ; elle prend les conclusions de ces théorèmes et les utilise comme principes, c'est-à-dire comme prémisses, pour prouver les conclusions concernant la ligne visuelle, le rayon lumineux.

Examinons la nature de ces conclusions obtenues dans une science intermédiaire. Le 'sujet' de ces conclusions ('sujet' de la science intermédiaire) est caractérisé dans les exemples suivants :

a) la ligne en tant que physique (ou visuelle) [93] ;

---

91. *De veritate,* q. 14, a. 9, ad 3m. Le texte parle des sciences subalternées. Pourtant, si nous rappelons que le cas le plus typique de subalternation est celui des sciences intermédiaires, ce texte, quoiqu'il ne s'applique pas exclusivement à ces dernières, vaut a fortiori pour elles.

92. *In I Sententiarum,* prol., q. 1, a. 3, qla 2, sol. 2 ; cf. aussi *In II Physicorum,* lect. 3, no 8 : « perspectiva ... accipit lineam abstractam secundum quod est in consideratione mathematici, et applicat eam ad materiam sensibilem ; et sic determinat de ea non inquantum est mathematica, sed inquantum est physica.

93. Cf. les textes cités à la note précédente.

b) les mesures des corps matériels [94], ou des mouvements [95] ;
c) la forme de la terre [96] ;
d) les sons en tant qu'ils sont supports de proportions numériques [97] ;
e) les plaies sous l'aspect de leur forme (circulaire ou triangulaire) [98].

À propos de ces exemples, il faut remarquer deux choses. D'abord, le dernier cité n'est pas d'une grande clarté. En effet, il n'est pas tiré d'une science intermédiaire proprement dite [99]. Mais, comme il constitue un cas à propos duquel saint Thomas énonce une conclusion explicitement formulée, il nous sera d'une grande utilité.

Une deuxième observation concerne la manière de formuler les quatre premiers exemples et les deux derniers. Dans les quatre

---

94. Cf. *In I Post. anal.*, lect. 25, no 2 : « Et similiter machinativa, idest scientia de faciendis machinis, se habet ad stereometriam, idest ad scientiam quae est de mensurationibus corporum. Et haec scientia dicitur esse sub scientia per applicationem formalis ad materiale. Nam mensurae corporum simpliciter comparantur ad mensuras lignorum et aliarum materiarum, quae requiruntur ad machinas, per applicationem formalis ad materiale ». Voir aussi *In I Post. anal.*, lect. 17, no 6 ; *In I De caelo et mundo*, lect. 2, no 7.

95. Cf. *In Boethii De trinitate*, q. 5, a. 3, ad 5m : « In scientiis mediis inter mathematicam et naturalem tractatur de mensuris motuum, sicut in scientia de sphaera mota et in astrologia ». Voir aussi *In Boethii De trinitate*, q. 5, a. 3, ad 8m ; *In X Metaphysicorum*, lect. 2, nos 1947-1948.

96. Cf. *In II Sententiarum*, dist. 24, q. 2, a. 2, ad 5m : « astrologus et naturalis diversis mediis rotunditatem terrae ostendunt ». Voir aussi *In Boethii De trinitate*, q. 5, a. 3, ad 7m ; *Summa theologiae*, Ia, q. 1, a. 1, ad 2m ; *In II Physicorum*, lect. 3, no 9 ; *Summa theologiae*, Ia-IIae, q. 54, a. 2, ad 2m.

97. Cf. *In Boethii De trinitate*, q. 5, a. 3, ad 6m : « Musica considerat sonos, non inquantum sunt soni, sed inquantum sunt secundum numeros proportionabiles, et similiter est in aliis [scientiis mediis] ». Voir aussi *In I Metaphysicorum*, lect. 2, no 121 ; *X*, lect. 2, no 1948 ; *In II De caelo et mundo*, lect. 14, no 3 ; *In III Metaphysicorum*, lect. 6, no 396 (*infra*, note 150).

98. Cf. *In I Post. anal.*, lect. 25, no 6 ; lect. 41, no 2. Les textes ont été cités plus haut ; voir note 78.

99. Cf. ci-haut. À notre connaissance [bien qu'à cet égard l'exemple de la division du son (*In III Metaphysicorum*, lect. 6, no 396 ; cf. *infra*, note 150) soit d'un grand intérêt], il ne se trouve pas chez saint Thomas d'exemple aussi précis et détaillé que celui fourni par Grosseteste dans sa démonstration de l'égalité de l'angle d'incidence et de l'angle

premiers, saint Thomas part de la considération mathématique pour souligner ensuite le point de vue physique, alors que dans les deux derniers il part de la considération physique pour finir avec le point de vue mathématique. Ainsi, les formules obtenues semblent accentuer, soit le point de vue physique (quatre premiers exemples), soit le point de vue mathématique (deux derniers). Si nous comparons les exemples (a) et (d), la nuance signalée apparaît avec toute la clarté désirable :

(a) perspectiva ... determinat de ea [linea] non inquan-

---

de réflexion d'un rayon lumineux sur un miroir plan. Voici le texte de GROSSETESTE : « Demonstratur in perspectiva quod omnes duo anguli quorum alterum constituit radius incidens cum speculo et reliquum radius reflexus sunt duo anguli radiosi equales : et haec conclusio probatur per ista geometrie. Omnium duorum triangulorum quorum unus angulus unius est equalis uni angulo alterius et latera equales angulos continentia sunt proportionabilia ; reliqui anguli prout se respiciunt sunt equales. Et hec probatio secundum quod est simpliciter geometrica abstrahit a triangulis et ab angulis et lateribus radiosis et non radiosis. Sed secundum quod venit in syllogismum demonstrantem conclusionem praedictam speculative appropriatur ad triangulos et ad angulos et latera radiosa hoc modo. Omnium duorum triangulorum radiosorum quorum unus angulus radiosus unius est equalis uni angulo radioso alterius et latera radiosa equales angulos radiosos continentia sunt proportionabilia reliqui anguli radiosi prout se respiciunt sunt equales. Sed omnes duo anguli quorum alterum constituit radius incidens cum speculo et reliquum radius reflexus sunt anguli radiosi sese recipientes duorum triangulorum radiosorum quorum unus angulus radiosus unius est equalis uni angulo radioso alterius et latera radiosa equales angulo radiosos continentia sunt proportionabilia. Ergo omnes duo anguli quorum alterum constituit radius incidens cum speculo et reliquum radius reflexus sunt duo anguli radiosi equales : manifestum est itaque tam in scientia subalternata quam in scientia subalternante medium sumptum tale quale est in syllogismo est approximatum extremis. Differt tamen syllogismus inferioris sciencie a syllogismo superioris in hoc quod syllogismus sciencie inferioris est syllogismus *quia* sed syllogismus sciencie superioris est syllogismus *propter quid* et quod patet in superiori exemplo. Causa namque equalitatis duorum angulorum factorum super speculo ex radio incidenti et reflexo non est medium sumptum ex geometria. Sed ejus causa est natura radiositatis sese generantis secundum incensum rectum quae cum generatur super obstaculum habens in se naturam humidi spiritualis fit ibi sicut principium regenerans se secundum similem viam ei per quam generatur. Cum enim operatio nature sit finita et regularis necesse est ut via regenerationis sit similis vie sue generationis : et ita regeneratur in angulo equali angulo incidenti ». *In Aristotelis Posteriorum analyticorum libros,* Venise, 1514, (éd. Minerva G.M.B.H., Frankfurtam Main, Unveränderter Nachdruck, 1966), lib. I, cap. VIII, fol. 9va.

tum est mathematica, sed inquantum est physica (inquantum visualis) [100] ;

(d) musica considerat sonos, non inquantum sunt soni, sed inquantum sunt secundum numeros proportionabiles [101].

Cette nuance est peut-être liée au problème que nous aborderons bientôt, à savoir la question du caractère plus physique ou plus mathématique des sciences intermédiaires. Pour le moment, tenons-nous-en à une constatation plus générale : le 'sujet' de la conclusion prouvée par une science intermédiaire n'est ni purement mathématique (nombre, ligne ou mesure en tant que tels et considérés abstraitement) ni purement physique (son, lumière, matériaux ou mouvements considérés dans leur nature physique). Le sujet d'une telle conclusion est une ligne, une mesure ou un nombre concrets — pour utiliser le langage de l'exemple (a) ; il peut être encore la lumière, le son, les matériaux ou les mouvements en tant que revêtus d'une forme mathématique quantitative — pour utiliser le langage de l'exemple (d). Nous pouvons donc dire que le 'sujet' de la conclusion renferme une composition interne, et que c'est cette composition qui fait de lui quelque chose d'original et d'irréductible, soit à un 'sujet' purement mathématique, soit à un 'sujet' purement physique [102].

La même composition se rencontre dans le prédicat de la conclusion, attribué comme une propriété au 'sujet' de celle-ci. Prenons, faute de mieux, notre exemple des plaies circulaires. Évidemment, la cicatrisation est attribuée comme une propriété aux plaies, sans plus. Il s'agit d'une propriété purement physique, naturelle. D'autre part, posséder des segments qui ne se rapprochent pas les uns des autres parce qu'ils ne forment pas d'angles, est

---

Saint Thomas, pourtant, connaît cette loi, parce qu'il la mentionne, dans une explication personnelle, dans l'*Expositio in I Meteorologicorum*, lect. 4, no 3.

100. Cf. note 92.

101. Cf. note 97.

102. Cela a été perçu avec beaucoup de clarté par Grosseteste. Cf. son *Commentarius in VIII libros Physicorum Aristotelis*, Lib. 2us, p. 35-38 ; voir aussi J.A. WEISHEIPL, *Classification of the Sciences in Medieval Thought*, p. 74 et note 69. Saint Thomas a développé cet aspect dans sa théorie de la subalternation des 'sujets'.

une propriété de la circonférence en tant que telle. Il s'agit d'une propriété purement mathématique. Mais, posséder des arêtes difficiles à rapprocher les unes des autres est une propriété des plaies circulaires. C'est une propriété des plaies en tant qu'elles ont la forme circulaire ou, si l'on veut, de la circonférence en tant qu'elle est concrétisée dans ces altérations des tissus vivants. Elle ne s'attribue ni aux plaies, ni aux circonférences séparément, mais au 'sujet' composé par la réunion des deux premiers, c'est-à-dire aux plaies circulaires. Elle est donc une propriété qui n'est ni purement géométrique (avoir des segments qui ne se rapprochent pas), ni purement physique (cicatrisation), mais qui résulte de la réunion des deux (arêtes se rapprochant difficilement).

Ayant ainsi caractérisé la conclusion de la science intermédiaire par l'analyse de la structure de son sujet et de son prédicat, nous pouvons maintenant aborder la deuxième partie du problème : comment ces sciences démontrent-elles cette conclusion, et comment justifient-elles l'attribution d'un tel prédicat à un tel sujet ?

Comment les sciences intermédiaires démontrent leurs conclusions

Nous avons déjà vu qu'une science intermédiaire prouve ses conclusions au moyen de prémisses mathématiques. Ces prémisses contiennent un moyen terme mathématique : *Et propter hoc [scientiæ mediæ] demonstrant conclusiones suas circa res naturales, sed per media mathematica* [103]. Pour rendre plus clair le sens de cette affirmation, essayons de mettre en forme de syllogisme la démonstration impliquée dans l'exemple déjà cité des plaies circulaires. Nous aurions alors :

> La circonférence a des segments qui ne se rapprochent pas.
> Or, le plaie circulaire est une circonférence.
> Donc, la plaie circulaire a des segments qui ne se rapprochent pas [104].

---

103. *In Boethii De trinitate,* q. 5, a. 3, ad 6m ; voir aussi les textes cités à la note 96, à propos de l'astronomie.

104. Cet exemple des plaies circulaires est d'analyse assez difficile. L'exemple donné par Grosseteste (cf. note 99) se laisse plus facilement réduire à un syllogisme : Les deux angles correspondants appartenant à deux triangles dont le troisième angle est égal et les côtés qui le forment proportionnels, sont égaux ; or, l'angle d'incidence et l'angle de réflexion sont

Ce syllogisme montre que le fait d'avoir des segments qui ne se rapprochent pas se rattache à la forme circulaire en tant que telle. Mais, il exige quelques explications, pour que soit mieux compris le type d'explication propre aux sciences intermédiaires.

En premier lieu, sa majeure est une proposition purement géométrique. Elle exprime une caractéristique qui dépend de la définition même de la circonférence — *figura sine angulo* [105]. Partant, cette majeure est évidente seulement au niveau de la géométrie :

> ad [geometram] pertinet cognoscere quod circulus est figura sine angulo ;
> [geometra] considerat rationem circuli, secundum quam partes ejus non approprinquant sibi per modum anguli [106].

Le médecin-mathématicien [107] en tant que tel ne peut ni n'a besoin de démontrer la proposition géométrique. Il l'accepte comme vraie et l'utilise comme majeure de son syllogisme.

La mineure, de son côté, appartient en propre au médecin-mathématicien. La notion de 'plaie' lui est propre en tant que médecin, tandis qu'il reçoit de la géométrie celle de 'circonférence'. Mais, observons qu'en caractérisant la plaie circulaire comme une circonférence il ne considère pas tous les aspects de la plaie, il tient compte seulement de sa forme. D'ailleurs, il ne prétend pas qu'elle soit la circonférence en tant que telle, mais seulement une concrétisation de cette forme géométrique.

Le rapprochement de la majeure et de la mineure lui permet de conclure que les segments de ce type de plaie ne se rapprochent pas. De nouveau, dans cette conclusion, on considère la plaie seulement sous l'aspect de sa forme. En outre, quand on lui attribue

---

deux angles (lumineux) correspondants appartenant à deux triangles (lumineux), dont le troisième angle (lumineux) est égal et les côtés (lumineux) qui le forment proportionnels ; donc, l'angle d'incidence et l'angle de réflexion sont égaux.

105. Cf. *In I Post. anal.*, lect. 25, no 6 et lect. 41, no 2. Il s'agit plutôt d'une comparaison de la circonférence avec l'angle que d'une définition proprement dite.

106. Cf. passages cités à la note précédente. On pourrait former un syllogisme pour justifier la majeure en question : Toute figure sans angle a des segments qui ne se rapprochent pas. Or, la circonférence est une figure sans angle. Donc, la circonférence a des segments qui ne se rapprochent pas.

le prédicat 'segments qui ne se rapprochent pas', ce prédicat est aussi une concrétisation du terme majeur de la première prémisse, parce que, dans la conclusion, les segments qui ne se rapprochent pas sont les bords de cette circonférence concrète qu'est la plaie.

On voit donc que, dans cet exemple de syllogisme d'une science intermédiaire, 'circonférence' et 'segments qui ne se rapprochent pas' sont pris abstraitement dans la majeure, et d'une façon concrète dans la mineure et la conclusion. Il y a donc un changement de suppléance (*suppositio*). Mais, malgré ce changement, il n'y a pas ce qu'on appelle une *fallacia equivocationis,* parce que les propriétés de la circonférence en tant que telle se trouvent d'une certaine manière dans cette circonférence concrète qu'est la plaie circulaire [108]. On peut donc dire que le passage des prémisses à la conclusion est valide, c'est-à-dire que la conséquence est bonne.

Quelques conséquences et compléments

Cette analyse de la démonstration caractéristique de la science intermédiaire nous permet de voir plus clairement quelques-uns des caractères propres à l'explication donnée dans ce type de science.

En premier lieu, cette analyse nous montre mieux le caractère subordonné de l'explication donnée. Elle est essentiellement dépendante d'une majeure qui ne peut être démontrée que dans une science supérieure. Ainsi, la science subalternée est une vraie science parce qu'elle est science des conclusions qui découlent de la majeure et non de la majeure comme proposition indépendante. Mais elle sera toujours une science imparfaite sans la connaissance de la science subalternante. Sans la connaissance de cette dernière, l'intelligibilité de l'explication de la science subalternée n'est pas complète, vu qu'elle reste suspendue à des principes non évidents.

---

107. Pour plus de clarté distinguons : a) le mathématicien pur (géomètre) ; b) le médecin mathématicien ; c) le médecin pur.

108. Cf. J. MARITAIN, *Éléments de philosophie,* II, *L'ordre des concepts,* I, *Petite logique (logique formelle),* Paris, P. Tequi, 1946, 14e éd., p. 89 : « Toute conséquence dans laquelle le genre de *suppositio* d'un terme change d'une proposition à l'autre est une conséquence vicieuse ». Cf. aussi p. 89, note 33 : « Je dis le genre de *suppositio,* car l'espèce peut varier, ainsi d'une proposition où le sujet supplée universellement on peut inférer une particulière ». Voir encore les observations aux p. 272-275.

C'est ce que souligne un texte des questions disputées *De veritate* et un autre de l'*Expositio* sur le *De trinitate :*

> Ille qui habet scientiam subalternatam, non perfecte attingit ad rationem sciendi, nisi in quantum ejus cognitio continuatur quodammodo cum cognitione ejus qui habet scientiam subalternantem : nihilominus inferius sciens non dicitur de his quæ supponit, habere scientiam, sed de conclusionibus, quæ ex principiis de necessitate concluduntur [109].

> Cujuslibet scientiæ principium est intellectus semper quidem primum, sed non semper proximum, immo aliquando est fides proximum principium scientiæ, sicut patet in scientiis subalternatis, quia earum conclusiones sicut ex proximo principio procedunt ex fide eorum quæ supponuntur a superiori scientiæ, sed sicut a principio primo ab intellectu superioris scientis, qui de his creditis certitudinem per intellectum habet [110].

C'est cette situation qui explique la tendance de celui qui étudie la science subalternée à vouloir acquérir aussi la science subalternante. Il pourra ainsi stabiliser parfaitement son savoir en connaissant les raisons des principes qu'il ne pouvait que croire, après les avoir rattachés à d'autres principes évidents par eux-mêmes : *Si inferior sciens addiscat superioris scientis scientiam . . . tunc fient ei intellecta vel scita, quæ prius erant tantummodo credita* [111].

Mais, cette tendance ne doit pas nous tromper et nous porter à croire que la mathématique absorbe la science intermédiaire. Saint Thomas le remarque explicitement, car, dit-il, le mathématicien qui connaît les théorèmes de l'arithmétique et de la géométrie peut ne

109. *De veritate,* q. 14, a. 9, ad 3m.

110. *In Boethii De Trinitate,* q. 2, a. 2, ad 7m.

111. *In Boethii De trinitate,* q. 2, a. 2, ad 7m (suite du texte précédent). Voici cette suite intégralement : « Et similiter hujus scientiae [his quae sunt fidei] principium proximum est fides, sed primum est intellectus divinus, cui nos credimus, sed finis fidei est nobis, ut perveniamus ad intelligendum quae credimus, sicut si inferior sciens addiscat superior scientis scientiam, et tunc fient ei intellecta vel scita, quae prius erant tantummodo credita ». L'application à la théologie fait percevoir mieux la force de l'affirmation ; cf. aussi *In I Post, anal.,* lect. 41, no 2.

pas connaître les théorèmes subalternés des sciences intermédiaires. Cela arrive précisément parce que la considération du mathématicien fait abstraction de toute matière sensible, tandis que celui qui s'occupe d'une science intermédiaire applique les théorèmes de la mathématique pure aux sons, à la lumière, aux mouvements, etc., c'est-à-dire à une matière sensible. Le mathématicien en tant que tel ne tient pas compte de cette application et, partant, ne la connaît pas en tant que mathématicien [112]. Les mathématiques pures sont des sciences 'purement formelles', au sens où elles ne considèrent que les formes quantitatives pures. Les sciences intermédiaires, elles, doivent tenir compte de la matière à laquelle sont appliqués les principes mathématiques [113]. Mais, précisons encore un peu plus

---

112. Cf. *In I Post. anal.,* lect. 25, no 4 : « Et quia posset aliquis credere quod qui sciret propter quid [mathematicus], sciret etiam de necessitate quia [scientia media], consequenter hoc removet [Aristoteles] dicens quod multoties illi, qui sciunt propter quid, nesciunt quia. Et hoc manifestat per exemplum : sicut considerantes universale, multoties nesciunt quaedam singularia, propter hoc, quod non intendunt per considerationem, sicut qui scit omnem mulam esse sterilem, nescit de ista, quam non considerat. Et similiter mathematicum qui demonstrat propter quid, nescit quandoque quia, quia non applicat principia superioris scientiae ad ea, quae demonstrantur in inferiori scientia ».

Il faut reconnaître que l'exemple donné par Aristote et repris par saint Thomas laisse quelque peu à désirer. Il est pris de quelque chose qui pourrait être considéré comme une espèce et un individu au sens strict (le mulet et tel mulet). Or, le *genus subjectum* de la science intermédiaire ne forme avec celui de la science subalternante qu'un *genus secundum quid* à cause de l'adjonction d'une différence extrinsèque au *genus subjectum* de cette dernière ; ce qui précisément permet une séparation plus grande des deux sciences. Si on prenait l'exemple cité à la lettre, il signifierait que le mathématicien, ayant démontré telle propriété du triangle en général, ne saurait pas si elle vaut aussi pour tel triangle particulier ; ce qui est évidemment faux.

113. Cf. *In I Post. anal.*, lect. 25, no 4 (suite du texte cité à la note précédente) : « Istae scientiae, quae accipiunt propter quid a mathematicis, sunt alterum quiddam, idest differunt ab eis secundum subjectum, scilicet in quantum applicant ad materiam. Unde hujusmodi scientiae utuntur speciebus, idest formalibus principiis, quae accipiunt a mathematicis. Mathematicae enim sunt circa species. Non enim consideratio earum est de subjecto, idest de materia ; quia quamvis ea, de quibus geometria considerat, sint in materia, sicut linea, superficies et hujusmodi ; non tamen considerat de eis geometria, secundum quod sunt in materia, sed secundum quod sunt abstracta. Nam geometria, ea quae sunt in materia secundum esse, abstrahit a materia secundum considerationem. Scientiae autem ei subalternatae e converso accipiunt ea, quae sunt considerata in abstractione a geometra, et applicant ad materiam. Unde patet quod geometra dicit propter quid in istis scientiis secundum causam formalem ».

le sens que revêtent les expressions 'matière' et 'forme' dans le contexte des sciences intermédiaires et des sciences purement mathématiques.

Ces deux termes (matière et forme) ne se réfèrent pas ici à la matière première et à la forme substantielle. Comme l'explique l'*Expositio* sur les *Seconds analytiques,* les 'principes formels' ou les 'espèces' dont la mathématique s'occupe sont, par exemple, les lignes, les superficies ou quelque chose de semblable (dans le cas de la géométrie). Ce sont des 'formes' qui, tout en existant dans la matière, sont considérées par le géomètre de façon abstraite. Il s'agit donc de 'formes quantitatives', qui existent dans un sujet matériel, mais qui sont considérées par le mathématicien en tant que formes quantitatives et sans qu'il soit tenu compte des conditions propres à leur sujet d'inhérence. Dans d'autres textes, saint Thomas explique mieux le sens de 'matière'. La matière, qui n'est pas prise en considération par le mathématicien, et à laquelle les sciences intermédiaires vont appliquer les conclusions de la mathématique, est présentée comme étant la matière sensible ou corporelle en tant que sujette aux qualités sensibles telles que le chaud et le froid, le dur et le mou, matière qui est de plus sujette au mouvement et aux altérations [114]. On pourrait citer comme exemples le bois ou l'airain, ou encore la chair et les os [115]. Le passage suivant de E. Winance résume bien le sens de l'expression 'matière sensible' :

> En langage plus moderne, la *materia sensibilis* désignerait la réalité corporelle sous son apparaître qualitatif comme la saisissent les différents sens selon leur objet propre respectif. C'est encore la réalité consistante en quoi sont faites les choses de notre monde familier ; ce n'est pas une pure réalité métaphysique, mais une réalité phénoménale atteinte dans l'expérience. C'est aussi, pour employer la langue de l'École, telle ou telle *substance seconde* d'ordre expérimental [116].

---

114. Voir, par exemple, *Summa theologiae,* Ia, q. 5, a. 1, ad 2m ; *In VIII Metaphysicorum,* lect. 5, no 1760.

115. Voir entre autres passages, *In II Physicorum,* lect. 3, no 6 ; *In VII Metaphysicorum,* lect. 10, no 1496.

116. *Note sur l'abstraction mathématique selon saint Thomas,* dans *RPL,* 53 (1955), p. 482-510 ; le passage cité se trouve à la page 494. La 'matière sensible' dont le mathématicien fait abstraction, et dont les sciences

C'est la considération de la matière sensible à laquelle vont être appliqués les principes mathématiques qui établit une parenté entre les sciences intermédiaires et les sciences purement physiques :

> [Scientiæ mediæ] demonstrant conclusiones suas circa res naturales, sed per media mathematica ; et ideo nihil prohibet, si in quantum cum naturali communicant, materian sensibilem respiciunt. In quantum enim cum mathematica communicant, abstractæ sunt [117].

Partant, notre exposition de la méthode explicative des sciences intermédiaires serait incomplète sans la considération de l'aspect physique de ces sciences. À cet aspect physique se rattache, sans doute, toute la partie d'expérience et d'induction que nous avons rappelée plus haut. Il semble même qu'il ne serait pas faux de dire que les conclusions de la science intermédiaire sont d'abord connues au niveau de l'expérience, inductivement, et puis stabilisées par le moyen d'une démonstration mathématique. Ainsi le médecin connaît d'abord par l'expérience que les plaies circulaires sont difficiles à guérir. Ensuite, il peut essayer de rattacher ce fait à certaines propriétés du cercle empruntées à la science du géomètre. La même remarque pourrait être faite au sujet des démonstrations de la perspective et de l'harmonique. C'était d'ailleurs le procédé que l'astronomie avait déjà poussé très loin au moyen âge, les modèles géométriques étant censés 'sauver' les mouvements des astres préalablement observés [118]. Mais, par le fait même qu'elles utilisent une explication mathématique, les sciences intermédiaires se distinguent de la physique pure. À ce sujet, il est un exemple précis que saint Thomas ne se lasse pas de répéter. Il s'agit de la démonstration de la sphéricité de la terre. Le physicien la démontre par des raisons naturelles, tandis que l'astronome le fait en utilisant un moyen terme mathématique. Les deux démonstrations sont d'autant plus faciles à comparer qu'il s'agit de deux démonstrations *ex effectu :*

---

intermédiaires doivent tenir compte, s'oppose à la 'matière intelligible', qui fait partie de la définition des objets mathématiques. Cette dernière expression a, chez saint Thomas, deux sens : parfois elle signifie 'la substance même', parfois 'le continu en tant que tel' (cf. E. WINANCE, *op. cit.*, p. 498-505). Dans ce second sens, elle équivaut à la 'forme quantitative', dont traite la mathématique pure.

117. *In Boethii De trinitate,* q. 5, a. 3, ad 6m ; voir aussi ad 7m.

118. Cf. textes cités plus haut à la note 18.

> Terram esse rotundam per aliud medium demonstrat naturalis, et per aliud astrologus : astrologus enim hoc demonstrat per media mathematica, sicut per figuras eclipsium, vel per aliud hujusmodi [119] ; naturalis vero hoc demonstrat per medium naturale, sicut per motum gravium ad medium, vel aliud hujusmodi [120]. Tota autem virtus demonstrationis, quæ est syllogismus faciens scire, ut dicitur in *I Poster.* [121], dependet ex medio. Et ideo diversa media sunt sicut diversa principia activa, secundum quæ habitus scientiarum diversificantur [122].

Ainsi, le type d'explication des sciences intermédiaires reste plus proche de celui des mathématiques que de celui de la physique. En effet, les sciences intermédiaires laissent de côté tout ce qui n'entre pas dans l'aspect quantitatif du phénomène en question. C'est d'ailleurs ce qui fait leur force et leurs limites.

Il est temps de faire voir ce caractère plus mathématique que physique des sciences intermédiaires, et d'apporter quelques derniers compléments au sujet de l'explication qui leur est propre.

Sciences plus proches de la mathématique ou de la physique

Le caractère plus mathématique des sciences intermédiaires

Dans trois passages au moins de son œuvre, saint Thomas a pris explicitement position au sujet du problème de savoir si les sciences intermédiaires sont plus mathématiques ou plus physiques. Ces passages, assez connus et souvent cités, sont : 1) *In Boethii De*

---

119. L'*Expositio* sur la *Physique* dit : « ab astrologo autem ex figura eclipsis lunaris, vel ex hoc quod non eadem sidera ex omni parte terrae aspiciuntur ». *In II Physicorum,* lect. 3, no 9.

120. Le même passage de l'*Expositio* sur la *Physique,* cité dans la note précédente, dit : « demonstratur a naturali per medium naturale, ut puta quia partes ejus undique et aequaliter concurrunt ad medium ».

121. 2, 71b18.

122. *Summa theologiae,* Ia-IIae, q. 54, a. 2, ad 2m. Ces démonstrations de la sphéricité de la terre sont développées in *II De caelo et mundo,* lect. 27 et 28.

Trinitate, q. 5 a. 3, ad 6m [123] ; 2) *In II Physicorum,* lect. 3, no 8 [124] ; 3) *Summa theologiæ,* IIa-IIæ, q. 9, a. 2, ad 3m [125].

Depuis longtemps déjà, on a remarqué un certain désaccord entre ces textes. Ainsi, Cajetan, dans son Commentaire sur la *Somme de théologie* propose une exégèse conciliatrice [126]. Mais le

---

123. « Quae tamen [scientiae mediae] magis sunt affines mathematicis, quia in earum consideratione id quod est physicum est quasi materiale, quod autem est mathematicum est quasi formale ; sicut musica considerat sonos, non in quantum sunt soni, sed in quantum sunt secundum numeros proportionabiles, et similiter est in aliis. Et propter hoc demonstrant conclusiones suas circa res naturales, sed per media mathematica ; et ideo nihil prohibet, si in quantum cum naturali communicant materiam sensibilem respiciunt. In quantum enim cum mathematica communicant, abstractae sunt ».

124. « Hujusmodi autem scientiae, licet sint mediae inter scientiam naturalem et mathematicam, tamen dicuntur hic a Philosopho esse magis naturales quam mathematicae, quia unumquodque denominatur et speciem habet a termino : unde, quia harum scientiarum consideratio terminatur ad materiam naturalem, licet per principia mathematica procedant, magis sunt naturales quam mathematicae ». Cf. aussi *In II Physicorum,* lect. 11, no 3.

125. « Ad tertium dicendum quod, sicut supra (q. 1, a. 1) dictum est, quilibet cognoscitivus habitus formaliter quidem respicit medium per quod aliquid cognoscitur, materialiter autem id quod per medium cognoscitur. Et quia id quod est formale potius est, ideo illae scientiae quae ex principiis mathematicis concludunt circa materiam naturalem, magis cum mathematicis connumerantur, utpote eis similiores : licet quantum ad materiam magis conveniant cum naturali, et propter hoc dicitur in II *Physic.* [2, 194a7], quod sunt magis naturales ».

On pourrait encore citer *In I Post. anal.*, lect. 25, no 3 : « Deinde cum [Aristoteles] dicit : Fere autem univocae etc., ostendit qualiter se habent praedictae scientiae ad invicem secundum convenientiam, dicens quod fere hujusmodi scientiae sunt univocae ad invicem. Dicit autem fere, quia communicant in nomine generis, et non in nomine speciei. Dicuntur enim omnes praedictae scientiae mathematicae ; quaedam quidem quia sunt de subjecto abstracto a materia, ut geometria et arithmetica, quae simpliciter mathematicae sunt ; quaedam autem per applicationem principiorum mathematicorum ad res materiales, sicut astrologia dicitur mathematica et etiam navalis scientia, et similiter harmonica, idest musica, dicitur mathematica, et quae est secundum auditum, idest practica musicae, quae cognoscit ex experientia auditus sonos. Vel potest dici quod sunt univocae, quia etiam in nomine speciei conveniunt. Nam et navalis dicitur astrologia, et practica musicae dicitur musica. Dicit autem fere, quia hoc non contingit in omnibus, sed in pluribus ». Voir aussi certains textes sur la division des mathématiques, comme par exemple *In IV Metaphysicorum,* lect. 2, no 563, *in fine.*

126. Cf. *In Summam theologiae sancti Thomae,* IIa-IIae, q. 9, a. 1, éd. léonine, VIII, p. 75 : « In responsione ad tertium secundi articuli non dicitur quod scientiae mediae sunt magis mathematicae quam naturales : — cum falsum sit, absolute loquendo : quia simpliciter sunt scientiae naturales,

plus curieux est sans doute qu'on ait eu tendance à retenir comme position de saint Thomas celle qu'il prend dans l'*Expositio* sur la *Physique* [127], alors que la position prise en cette *Expositio* vient après et précède chronologiquement tout à la fois l'énoncé d'une position différente dans l'*Expositio* sur le *De trinitate,* d'une part, rédigée avant l'*Expositio* sur la *Physique,* et dans la *Somme de théologie,* d'autre part, rédigée après l'*Expositio* sur la *Physique.*

Les trois textes mentionnés sont d'accord pour dire que les sciences intermédiaires ont des conclusions qui portent sur une matière physique et qu'elles les démontrent par des moyens mathématiques. Mais ces textes sont en désaccord en cela que l'*Expositio* sur la *Physique* accorde la primauté au terme physique de la démonstration, alors que l'*Expositio* sur le *De trinitate* et la *Somme de théologie* réservent cette primauté aux principes mathématiques de la démonstration. Cette deuxième position nous paraît plus en accord avec la manière propre aux sciences intermédiaires de démontrer leurs conclusions et avec les positions générales de l'épistémologie thomiste. En effet, ce qui caractérise le plus une science pour saint Thomas, ce ne sont pas tant ses conclusions que le moyen par lequel elle les prouve. C'est d'ailleurs le principe que soulignent avec force les passages cités de l'*Expositio* sur le *De trinitate* et de la *Somme de théologie.* Le texte de l'*Expositio* sur la *Physique* doit donc être tenu pour secondaire. Il est assez probable, comme

---

utpote non abstrahentes a materia sensibili; omnis enim scientia non abstrahens a materia sensibili est naturalis ut patet VI *Metaphys.* Sed dicitur quod connumerantur cum mathematicis, utpote eis similiores. Et de connumeratione quidem liquet, quia cum geometria et arithmetica scientiae mediae numerantur inter liberales artes. De similitudine autem in modo demonstrandi manifestum est, dum mensurando et quantificando conclusiones monstrantur. Verum quia medium utrumque sapit extremum; et scientiae istae ex parte formae ex mathematica veniunt et pendent, ex parte vero materiae physicae sunt: sermones Doctorum pie interpretandi sunt, si quando ad alterum extremum nimis declinant ».

127. Cf. le commentaire de Cajetan cité à la note précédente, et, déjà, J. BURIDAN, *Subtilissime questiones super octo phisicorum libros Aristotelis,* Paris, 1509 (éd. Minerva G.M.B.H., Frankfurt am M., Unveränderter Nachdruck, 1964), lib. II, quest. 6, fol. 34va : « Sed tunc est dubitatio inter doctores utrum ille [scientie medie] magis debeant dici scientie naturales quam mathematice vel magis mathematice quam naturales ; de hoc autem sunt contrarii beatus Thomas et commentator dicit enim beatus Thomas quod sunt magis naturales quod probat primo auctoritate Aristotelis ... »

quelques-uns l'ont suggéré [128], que saint Thomas ait voulu simplement tenir compte de la traduction latine du texte aristotélicien. Aristote parlait, en effet, des *parties les plus physiques des mathématiques* [129], alors que la traduction, à en juger du moins par le texte qui se trouve imprimé avec l'*Expositio* de saint Thomas [130], est la suivante :

> Demonstrant autem et quæ magis physica quam mathematica, ut perspectiva et harmonica et astrologia.

Devant ce texte, saint Thomas aura simplement essayé de trouver un sens acceptable à l'affirmation du Philosophe. D'ailleurs, il connaissait d'autres textes où Aristote plaçait ces sciences parmi les mathématiques [131] ; on en trouverait un signe dans cette phrase de l'*Expositio* sur la *Physique :*

> Hujusmodi autem scientiæ, licet sint mediæ inter scientiam naturalem et mathematicam, tamen dicuntur *hic* a Philosopho esse magis naturales quam mathematicæ (souligné par nous).

L'adverbe *hic* indiquerait que saint Thomas était conscient du caractère exceptionnel du texte qu'il avait devant lui [132].

---

128. Cf. R. FARMER, *Thomistic Mathematics,* dans *Reality,* II, 2 (1952), p. 104 ; A. MAURER, *The Division and Methods of the Sciences,* p. 36, note 19.

129. *Physique,* II, 2, 194a7.

130. Cf. éd. léonine, II, p. 61, texte 20. Toutefois, il n'est pas possible de trancher la question sur la base de ce texte. Comme on l'a écrit, en effet, « nous ne possédons pas encore... d'édition critique des différentes versions latines de la *Physique,* hormis la portion conservée de la *translatio vaticana,* et l'on sait, à la suite des travaux de A. Mansion, qu'il n'est pas possible d'accorder plein crédit sur ce point aux textes latins de la *Physique* imprimés dans les commentaires médiévaux (y compris ceux des Éditions léonine) ». J. GAGNÉ, *Du* Quadrivium *aux* scientiae mediae, note 55.

131. Voir, par exemple, *In I Post. anal.,* lect. 25, no 3 (cité à la note 125) ; *In IV Metaphysicorum,* lect. 2, no 563 (cité à la note 35) ; *In VI Metaphysicorum,* lect. 1, nos 1163 et 1169.

132. J. Mariétan proposait déjà une solution semblable. Après avoir signalé les textes de l'*Expositio* sur le *De trinitate* (q. 5, a. 3, ad 6m) et de l'*Expositio* sur la *Physique* (II, lect. 3 no 8), il ajoute : « Nous croyons que pour avoir l'opinion de saint Thomas, il faut s'en tenir à la première affirmation. Car, dans le second cas, le saint Docteur ne fait que donner le sentiment du Philosophe, c'est-à-dire d'Aristote, et non pas le sien. Aussi, a-t-il soin d'ajouter *dicuntur hic a Philosopho,* laissant entendre même qu'Aristote admet ailleurs une autre opinion : ce qui est vrai, comme nous l'avons signalé déjà ». *Problème de la classification des sciences d'Aristote à saint Thomas,* p. 187.

Ce caractère plus mathématique des sciences intermédiaires fait aussi ressortir le caractère partiel de l'explication qui leur est propre. Les sciences intermédiaires, en effet, ne considèrent pas tout le phénomène physique ou tous ses aspects, mais seulement ce qui en lui est susceptible d'être traduit en termes quantitatifs et mathématiques. Elles ne démontrent pas en se basant sur la *nature* du phénomène ou de la substance sensible en question, mais sur son aspect quantitatif ou susceptible de quantification [133]. On pourrait même, en ce sens, dire qu'il s'agit ici d'une considération extrinsèque par rapport à la physique [134].

Mais, d'autre part, les sciences intermédiaires sont une application de la mathématique à une matière extrinsèque au 'sujet' de cette dernière science. Partant, ces considérations sur le caractère extrinsèque de la démonstration propre aux sciences intermédiaires par rapport à la fois à la physique et à la mathématique, ne font que souligner plus fortement l'originalité des sciences intermédiaires et leur irréductibilité soit à la mathématique, soit à la physique pures.

Degré de certitude des sciences intermédiaires

Une autre conséquence du caractère plus mathématique des sciences intermédiaires mérite quelque attention ; il s'agit du degré de certitude que les sciences intermédiaires sont susceptibles d'atteindre ou de fournir dans leurs démonstrations. C'est le point que saint Thomas traite dans le texte suivant de son *Expositio* sur le premier livre des *Seconds analytiques :*

> Postquam Philosophus comparavit demonstrationes ad invicem hic agit de comparatione scientiæ, quæ est de-

---

133. E. BODEWIG, *op. cit.,* p. 416, le formule bien : « Die Musik enthält wie alles, was in der Natur existiert, einen mathematischen Kern. Denn beim Vergleich der Töne und beim Studium der Konsonanz ergeben sich mathematische Gesetzmässigkeiten. Die Proportionslehre wird auf die musikalischen Töne angewandt gewissermassen wie auf die Materie. So enthält die Oktave (diapason) in sich das Verhältnis 1:2. Dieses Verhältnis ist die Form der Oktave, und die Zahl Zwei ist gewissermassen ihre formale Ursache ». L'auteur renvoie à *In II Physicorum,* lect. 5, no 4.

134. Cf. *In Boethii De trinitate,* q. 5, a. 4, ad 1m : « Illa quae non assumuntur in scientia nisi ad alterius manifestationem, non pertinent per se ad scientiam, sed quasi per accidens. Sic enim in naturalibus quaedam mathematica assumuntur ».

> monstrationis effectus. Et dividitur in duas partes ; in prima parte comparat scientiam ad scientiam ; in secunda, comparat scientiam ad alios modos cognoscendi. Circa primum duo facit : primo, comparat scientiam ad scientiam secundum certitudinem ; secundo, secundum unitatem et pluralitem. *Circa primum ponit tres modos, quibus una scientia est alia certior.*
>
> *Primum modum* ponit dicens, quod illa scientia est prior et certior quam alia, quæ scilicet eadem facit cognoscere et quia et propter quid.
>
> *Secundum modum* ponit dicens, quod illa scientia, quæ non est de subjecto, est certior illa quæ est de subjecto.
>
> *Tertium modum* ponit dicens, quod scientia quæ est ex paucioribus, est prior et certior ea quæ est ex appositione, idest quam illa quæ se habet ex additione.
>
> Et secundum hoc patet quod comparatio certitudinis scientiarum accipitur hic secundum duo. Nam *primus modus* accipitur secundum quod causa est prior et certior suo effectu. *Alii autem duo modi* accipiuntur secundum quod forma est certior materia, utpote quia forma est principium cognoscendi materiam [135].

Au sujet du premier mode, saint Thomas rappelle que la science qui fait connaître le *quia* prise séparément de celle qui fait connaître le *propter quid,* jouit d'une certitude moins grande. Il ajoute que telle est la situation des sciences subalternées par rapport aux subalternantes. Ensuite, il rappelle l'exemple de la médecine et de la géométrie [136].

---

135. *In I Post. anal.,* lect. 41, nos 1-5.

136. Cf. *In I Post. anal.,* lect. 41, no 2 : « Non autem est illa certior, quae est cognoscitiva solum ipsius quia, separatim ab ea quae cognoscit propter quid : haec enim est dispositio scientiae subalternantis ad subalternatam, ut supra [lect. 25] dictum est : nam scientia subalternata separatim scit quia, nesciens propter quid. Sicut chirurgicus scit quod vulnera circularia tardius curantur, non autem scit propter quid. Sed hujusmodi cognitio pertinet ad geometram, qui considerat rationem circuli, secundum quam partes ejus non appropinquant sibi per modum anguli, ex qua propinquitate contingit quod vulnera triangularia citius sanantur ». Cf. aussi *Summa theologiae,* IIa-IIae, q. 174, a. 3, s. c. ; *In I Metaphysicorum,* lect. 1, nos 24-25.

Pour expliquer le deuxième mode, saint Thomas précise que *subjectum* veut dire ici *matière sensible.* Le cas de la mathématique pure et des sciences intermédiaires est explicitement rappelé. L'arithmétique, par exemple, est plus certaine que la musique et antérieure à elle ; antérieure, parce que la musique utilise les principes de l'arithmétique pour un autre but ; plus certaine, parce que l'incertitude provient de la transmutabilité de la matière sensible — plus une science doit tenir compte de cette matière, moins elle est certaine [137].

À propos du troisième mode, saint Thomas cite l'exemple de la géométrie et de l'arithmétique. La première est postérieure et moins certaine que la deuxième, parce que ce dont traite la géométrie ajoute quelque chose à ce dont traite l'arithmétique. La suite du texte est une explication, d'allure platonicienne, du fait que les entités géométriques ajoutent de nouvelles déterminations aux entités arithmétiques [138].

Cette partie de la leçon 41 se termine par une remarque personnelle de saint Thomas qui indique la cause de la distinction de ces trois modes selon lesquels une science peut être plus certaine qu'une autre : le premier mode se justifie par cela que la cause est antérieure à l'effet et plus certaine que ce dernier ; le deuxième et le troisième, par cela que la forme est plus certaine que la matière, étant le principe de connaissance de cette dernière. Il pré-

---

137. Cf. *In I Post. anal.*, lect. 41, no 3 : « Et accipitur hic subjectum pro materia sensibili, quia ut Philosophus docet in II Physicorum, quaedam scientiae sunt pure mathematicae, quae omnino abstrahunt secundum rationem a materia sensibili, ut geometria et arithmetica : quaedam autem scientiae sunt mediae, quae scilicet principia mathematica applicant ad materiam sensibilem, sicut perspectiva applicat principia geometriae ad lineam visualem, et harmonica, idest musica, applicat principia arithmeticae ad sonos sensibiles. Unde hic dicit quod arithmetica est certior quam musica et prior : prior quidem, quia musica utitur principiis ejus ad aliud ; certior autem, quia incertitudo causatur propter transmutabilitatem materiae sensibilis ; unde quanto magis acceditur ad eam, tanto scientia est minus certa ».

138. Cf. *In I Post. anal.*, lect. 41, no 4 : « Et ponit exemplum. Sicut geometria est posterior et minus certa quam arithmetica : habent enim se ea de quibus est geometria, ex additione ad ea de quibus est arithmetica. Et hoc quidem planum est videre secundum positiones platonicas, secundum quas hic Aristoteles exponit, utens eis ad propositum ostendendum ; sicut frequenter in libris Logicae utitur opinionibus aliorum philosophorum ad propositum manifestandum per viam exempli ». Cf. aussi *In I Metaphysicorum,* lect. 2, no 47 ; *In I De caelo et mundo,* lect. 3, no 6 ; *III,* lect. 3, no 4.

cise ensuite qu'il y a une double matière, c'est-à-dire la matière sensible et la matière intelligible (le continu même). Le deuxième mode est déterminé par rapport à la matière sensible, alors que le troisième l'est par rapport à la matière intelligible. Bien que ce troisième mode ait été exposé par Aristote d'après les positions platoniciennes, il peut être aussi justifié au-dedans de la philosophie aristotélicienne [139].

Ainsi donc, les sciences intermédiaires sont moins certaines que les mathématiques pures, parce qu'elles leur sont subalternées et parce qu'elles sont plus proches de la matière sensible. On pourrait dire aussi : parce qu'elles ajoutent d'autres déterminations aux entités purement mathématiques. Mais, ceci est déjà inclus dans le fait qu'elles ont un sujet plus proche de la matière sensible.

On pourrait utiliser les mêmes critères pour comparer la certitude relative des sciences intermédiaires par rapport à la physique. Nous avons déjà vu qu'il peut arriver qu'une science physique soit subalternée à une science intermédiaire. Dans ce cas, donc, la science intermédiaire sera plus certaine que la science physique en question. En tout cas, étant plus mathématiques que physiques, les sciences intermédiaires sont plus éloignées de la matière sensible que la physique pure. Dans la même mesure, elles sont douées d'une certitude plus grande. Leur sujet doit être doué d'une stabilité plus grande que celui de la physique. À ce propos, saint Thomas remarque que l'instabilité de certains phénomènes est un obstacle au traitement mathématique propre aux sciences intermédiaires :

> Entia enim incorruptibilia et immobilia præcise ad metaphysicum pertinent. Entia vero mobilia et incorruptibilia

---

139. Cf. *In I Post. anal.*, lect. 41, no 5 : « Et secundum hoc patet quod comparatio certitudinis scientiarum accipitur hic secundum duo. Nam primus modus accipitur secundum quod causa est prior et certior suo effectu. Alii autem duo modi accipiuntur secundum quod forma est certior materia, utpote quia forma est principium cognoscendi materiam. Est autem duplex materia, ut dicitur in VII Metaphysicae : una quidem sensibilis, secundum quam accipitur secundus modus ; alia vero intelligibilis, scilicet ipsa continuitas, et secundum hanc accipitur tertius modus. Et quamvis hic tertius modus expositus sit secundum opinionem Platonis, tamen etiam secundum opinionem Aristotelis punctum se habet ex additione ad unitatem. Nam punctum est quoddam unum indivisibile in continuo, abstrahens secundum rationem a materia sensibili ; unum autem abstrahit et a materia sensibili et ab intelligibili ».

> propter sui uniformitatem et regularitatem possunt determinari quantum ad suos motus per principia mathematica, quod de mobilibus corruptibilibus dici non potest ; et ideo secundum genus entium attribuitur mathematicæ ratione astrologiæ. Tertium vero remanet proprium soli naturali [140].

Pourtant, une objection pourrait être formulée à partir de ce que saint Thomas dit au sujet des théories astronomiques. Voici un texte assez clair :

> *Ad aliquam rem dupliciter inducitur ratio. Uno modo,* ad probandum sufficienter aliquam radicem : sicut in scientia naturali inducitur ratio sufficiens ad probandum quod motus cæli semper sit uniformis velocitatis. *Alio modo* inducitur ratio, non quæ sufficienter probet radicem, sed quæ radici jam positæ ostendat congruere consequentes effectus : sicut in astrologia ponitur ratio excentricorum et epicyclorum ex hoc quod hac positione facta, possunt salvari apparentia sensibilia circa motus cælestes : non tamen ratio hæc est sufficienter probans, quia etiam forte alia positione facta salvari possent [141].

D'après ce texte, la démonstration proprement astronomique (la deuxième), donc celle qui est caractéristique de la science intermédiaire, semble être moins certaine que la démonstration de la science naturelle, c'est-à-dire la démonstration physique.

Examinons la question de près. Le premier type de démonstration, celui des sciences naturelles, vise les démonstrations prises de la nature même des choses. On doit donc dire que nous nous trouvons ici devant le type le plus rigoureux de preuve. Saint Thomas croyait que tel était le cas pour les démonstrations qu'Aristote donnait du fait que non seulement la sphère des étoiles fixes tourne avec une vélocité uniforme, mais aussi du fait que tous les mouvements célestes sont réguliers *secundum rei veritatem* [142]. Le deuxiè-

---

140. *In Boethii De trinitate,* q. 5, a. 3, ad 8m.

141. *Summa theologiae,* Ia, q. 32, a. 1, ad 2m ; cf. aussi les autres textes cités plus haut à la note 18.

142. Pour la preuve de la régularité de tous les mouvements célestes, voir *In II De caelo et mundo,* lect. 8 et 9 en entier. Ce passage du début de la leçon 8 précise exactement le sujet des deux leçons citées : « Dicit

me type de preuve évoque justement les différents systèmes dans lesquels on essayait de réduire à la régularité les irrégularités observées dans les mouvements des planètes. Saint Thomas se trouvait devant deux systèmes : celui d'Eudoxe-Callipe-Aristote et celui d'Hipparque-Ptolémée [143]. Et son raisonnement est le suivant : qu'on essaye d'expliquer les irrégularités des mouvements planétaires par des sphères concentriques à la terre (premier système) ou en faisant appel à des excentriques et épicycles (deuxième système), cela ne veut nullement dire que les mouvements réels (*secundum rei veritatem*) des planètes se produisent conformément à ces suppositions. En effet, celles-ci ne sont qu'un artifice qui nous permet de retrouver la régularité et de faire des calculs astronomiques [144]. Thomas Litt, qui a étudié l'ensemble des textes de saint Thomas sur les deux systèmes astronomiques connus à l'époque, se croit autorisé à conclure que « saint Thomas est finalement resté dans une sorte d'indifférence ou d'hésitation entre les deux hypothèses astronomiques d'Eudoxe-Aristote et de Ptolémée » [145] et qu'il ne

---

[Aristoteles] quod hic intendit dicere de primo caelo, idest de suprema sphaera, et de prima latione, idest de motu diurno quo totum caelum revolvitur, per motum primi mobilis, ab oriente usque in occidentem. Ideo autem de hoc motu specialiter loquitur, quia in hoc motu neque est aliqua irregularitas secundum rei veritatem, neque secundum apparentiam. Sed in his quae de subtus, idest in motu planetarum, jam plures motus conveniunt ad movendum unum corpus ; vel secundum diversas sphaeras volventes et revolventes, sicut dicebant astrologi qui fuerunt tempore Aristotelis, ut patet in XII Metaphys. ; vel secundum motus eccentricorum et epicyclorum, secundum modernos astrologos. Et ex hac diversitate motuum causatur irregularitas quae apparet circa planetas, secundum quam quandoque videntur directi motus, quandoque retrogradi, quandoque stationarii ; quamvis secundum rei veritatem nullus motus in caelo sit irregularis. Rationes enim quas hic inducet, habent locum non solum in motu primi caeli, qui est simplex, et ex hoc nulla apparet in eo irregularitas ; sed etiam in motibus planetarum, in quibus apparet irregularitas propter concursum multorum motuum ».

143. Cf. T. LITT, *Les corps célestes dans l'univers de saint Thomas d'Aquin*, p. 322-341.

144. LITT fait une observation importante : « Le doute de saint Thomas portait sur l'homocentrisme ou l'hétérocentrisme des sphères, et sur les diverses variétés possibles de ces deux hypothèses. Il ne portait pas sur l'existence même des sphères. Nous avons montré, aux chapitres I et XII, que saint Thomas croyait fermement à l'existence des sphères, comme à une vérité liée aux évidences les plus certaines de la physique ou cosmologie, et aux convictions du sens commun traditionnel. Il ne s'est pas rendu compte que l'existence même des sphères était, elle aussi, une hypothèse, autant que le détail géométrique de leur agencement ». *Op. cit.*, p. 365, note 11.

145. T. LITT, *op. cit.*, p. 362.

s'est jamais beaucoup intéressé aux détails de l'observation et du calcul astronomiques [146]. Mais, il n'excluait pas la possibilité que le *système vrai* fut un jour trouvé :

> Illorum [147] tamen suppositiones quas adinvenerunt, non est necessarium esse veras ; licet enim, talibus suppositionibus factis, apparentia salvarentur, non tamen oportet dicere has suppositiones esse veras : quia forte secundum aliquem alium modum, nondum ab hominibus comprehensum, apparentia circa stellas salvantur [148].

La conclusion, donc, en ce qui nous intéresse présentement, c'est-à-dire la certitude des sciences intermédiaires par rapport à la physique, est que ces passages où saint Thomas exprime un certain scepticisme envers les systèmes astronomiques de son temps doivent être entendus d'une façon restreinte. Cela veut dire que son scepticisme portait sur les systèmes et non sur l'astronomie même et sa manière de procéder. Même si les systèmes qu'il connaissait n'avaient à ses yeux qu'une certitude hypothétique, cela ne veut pas dire que l'astronomie en tant que telle ait eu pour lui une certitude moins grande que celle de la physique.

Cela, dit, nous pouvons résumer ainsi nos résultats : les sciences intermédiaires sont plus mathématiques que physiques ; elles ne prétendent donc pas expliquer la totalité d'un phénomène, mais seulement son aspect quantifiable ; dans ce domaine restreint, pourtant, elles sont douées d'une certitude plus grande que celle de la physique pure, bien que moindre que celle des mathématiques pures.

* * *

Saint Thomas connaissait un certain nombre de sciences — notamment la musique, la perspective et l'astronomie — qu'il appelait 'sciences intermédiaires', signifiant par là que ces sciences se situaient entre la mathématique et la physique pures, et que leur méthode explicative consistait dans l'application de la mathéma-

146. Cf. T. LITT, *op. cit.*, p. 355-358.
147. C'est-à-dire d'Eudoxe et des astronomes postérieurs (Hipparque et Ptolémée).
148. *In II De caelo et mundo,* lect. 17, no 2.

tique pure (arithmétique et géométrie) à la matière sensible, c'est-à-dire aux réalités physiques.

Bien qu'il ne fût pas un professionnel de ces sciences intermédiaires, saint Thomas a manifesté un intérêt incontestable pour le type d'épistémologie qu'elles représentent. Autrement, se serait-il donné tant de peine pour les caractériser et les situer dans l'ensemble des connaissances humaines [149] ? Les sciences intermédiaires, en effet, fournissent à saint Thomas l'occasion d'exposer la théorie de la subalternation, laquelle, à son tour, permet de mieux comprendre comment ces sciences se placent entre la mathématique et la physique pures. Dans son état le plus élaboré, la théorie de la subalternation fait appel d'abord à une analyse des 'sujets' propres à la science subalternante et à la science subalternée. Le 'sujet' de la science subalternée n'est pas une espèce proprement dite du 'sujet' de la science subalternante, parce qu'il ajoute à ce dernier une différence extrinsèque. Mais, il maintient avec le 'sujet' de la science subalternante des relations qu'on peut exprimer en termes de 'matière' et 'forme'. Les mathématiques pures étudieront donc les 'formes' quantitatives de façon abstraite et générale ; les sciences intermédiaires étudieront ces mêmes 'formes', mais en tant que réalisées ou concrétisées dans les sons, la lumière ou les mouvements des astres, bref, dans la matière sensible. Si on considère que le 'sujet' joue un rôle essentiel dans la spécification d'une science, on peut donc dire que la théorie de la subalternation constitue un cas particulier et spécial de la théorie générale de la spécification des sciences par leur 'sujet'.

La subalternation des 'sujets' entraîne des conséquences influant sur le type d'explication propre aux sciences intermédiaires. Comme leur 'sujet' inclut la matière sensible, ces sciences doivent adopter plusieurs procédés inductifs relatifs à la constatation des faits et à la description des phénomènes. L'appartenance de telle propriété à tel 'sujet', une fois observée expérimentalement, est manifestée au moyen d'une démonstration qui comporte une prémisse (la majeure) mathématique, et dont le moyen terme est aussi mathématique. La justification dernière de cette majeure ne peut

---

149. Cet intérêt de saint Thomas est d'autant plus marqué qu'il rencontrait dans la science intermédiaire un modèle pour attribuer à la théologie le titre de science.

être faite que par les sciences mathématiques pures. Partant, l'explication des sciences intermédiaires reste suspendue à des propositions qu'elles acceptent comme vraies, mais qu'elles ne sont pas capables de démontrer par elles-mêmes [150]. D'où la tendance à passer de la science subalternée à la subalternante, pour ainsi acquérir une intelligibilité plus complète. En outre, dans la démonstration propre aux sciences intermédiaires le terme moyen et le terme mineur sont respectivement la propriété et le 'sujet' caractéristiques de la science intermédiaire. Ceux-ci ne peuvent être réduits ni à des termes (majeur et mineur) purement mathématiques, ni à des termes (majeur et mineur) purement physiques. Ils résultent d'une composition du mathématique et du physique, comme la théorie de la subalternation l'avait montrée, du moins pour le cas du 'sujet'. Ce mélange de mathématique et de physique dans le 'sujet' et la propriété distingue les sciences intermédiaires des mathématiques pures, parce que celles-ci font abstraction de toute matière sensible. D'autre part, les sciences intermédiaires se distinguent aussi de la physique pure par le fait qu'elles utilisent des moyens termes mathématiques dans leurs démonstrations, tandis que la physique pure ne le fait pas. Ainsi, les sciences intermédiaires ont une originalité incontestable.

Pourtant, le fait d'utiliser des moyens termes mathématiques les apparente plus aux mathématiques pures qu'à la physique. En effet, ce qui spécifie une science en dernière instance n'est pas tant ce qu'elle connaît (les conclusions), que son medium de con-

---

150. Grâce à une indication de J. ALVAREZ LASO, *La filosofia de las matemâticas en Santo Tomâs,* p. 152, nous avons pris connaissance d'un intéressant passage de l'*Expositio* de saint Thomas sur la *Métaphysique,* concernant les démonstrations *quia* et *propter quid.* Il s'agit de *In III Metaphysicorum,* lect. 6, no 396 : « Sed quandoque contingit quod demonstrare quia ita est, per aliqua principia, pertinet ad aliquam scientiam, et demonstrare principia ex quibus demonstrabatur quia ita est, pertinet ad unam scientiam, quandoque quidem ad eamdem, quandoque vero ad aliam. Ad eamdem quidem, sicut geometria demonstrat, quod triangulus habet tres angulos aequales duobus rectis, per hoc quod angulus exterior trianguli est aequalis duobus interioribus sibi oppositis, quod tantum demonstrare pertinet ad geometriam. — Ad aliam vero scientiam, sicut musicus probat quod tonus non dividitur in duo semitonia aequalia, per hoc quod proportio sesquioctava cum sit superparticularis, non potest dividi in duo aequalia. Sed hoc probare non pertinet ad musicum sed ad arithmeticum. Sic ergo patet, quod quandoque accidit diversitas in scientiis propter diversitatem principiorum, dum una scientia demonstrat principia alterius scientiae per quaedam altiora principia ».

naissance, — en termes de logique aristotélicienne, le moyen terme par lequel les conclusions sont démontrées. Ainsi donc, à cause du moyen terme mathématique, les démonstrations des sciences intermédiaires restent plus mathématiques que physiques malgré la présence de la matière sensible dans le sujet et le prédicat de la conclusion.

Une dernière et importante conséquence de ce caractère plus mathématique que physique des sciences intermédiaires concerne la certitude qu'elles peuvent atteindre : cette certitude est plus grande que celle de la physique pure bien que moindre que celle des mathématiques pures. En effet, les sciences intermédiaires sont plus éloignées de la matière (source d'indétermination et d'incertitude) que la physique, mais moins éloignées que les mathématiques pures. En outre, elles fournissent une explication de certains phénomènes que le physicien pur ne peut qu'observer et décrire ; explication qui reste dépendante de propositions que les mathématiques pures sont seules capables de démontrer.

Ce résumé fait ressortir à la fois la clarté et la cohérence de la conception qui se dégage des textes de saint Thomas sur les sciences intermédiaires.

Mais, on pourrait se demander quel en est l'intérêt pour nous aujourd'hui. D'aucuns, tel J. Maritain [151], se sont inspirés de la conception thomiste des sciences intermédiaires pour faire la théorie de la physique-mathématique moderne. Peut-être est-ce un procédé un peu hâtif, car on a par ailleurs rappelé que les sciences intermédiaires étaient, somme toute, quelque chose d'assez secondaire dans le cadre général du savoir médiéval ; que la science physique moderne est un type de savoir entièrement nouveau dont il serait inutile de demander une théorie aux penseurs du moyen âge [152].

---

151. Voir surtout *Réflexions sur l'intelligence,* p. 174-201 ; *Les degrés du savoir,* p. 78-93, 120-128, 284, note 1, etc. Voir aussi B. MULLAHY, *Thomism and Mathematical Physics,* Dissertation Presented to the Faculty of Philosophy of Laval University to Obtain the Degree of Doctor of Philosophy, 1946, Texte dactylographié, *passim.*

152. Cf. D.H. SALMAN, *La conception scolastique de la physique,* dans *Philosophie et sciences* (*Journées d'études de la Société thomiste,* III), p. 48-49 : « Quant aux *scientiae mediae,* dont on a d'ailleurs beaucoup exagéré l'importance théorique, il ne faut y voir qu'un simple accident historique. Quelques problèmes, plus faciles, avaient reçu des géomètres grecs des solutions fort précises, et dont le caractère mathématique était dès lors plus

Notre considération du problème sous l'angle historique a peut-être plus de chance d'être mieux équilibrée, et de ne pencher ni vers une sorte d'enthousiasme exagéré ni vers la déconsidération.

Il y a eu une époque où l'on considérait le moyen âge comme une période de grand vide intellectuel, « l'âge des ténèbres ». Il était normal, alors, de passer directement des Grecs à la Renaissance, soit scientifique, soit philosophique, du XVe siècle, en négligeant l'époque dite 'creuse'. Mais, grâce à toute une série d'études entreprises depuis, on sait aujourd'hui que le moyen âge a produit des œuvres et des systèmes théologiques et philosophiques qui, par leur valeur et leur originalité, n'accusent pas un retard par rapport aux écrits des Grecs et des philosophes post-cartésiens. On perçoit mieux aujourd'hui en quoi la Renaissance du XVIe siècle et la philosophie post-cartésienne se distinguent des philosophies médiévales, et aussi ce qu'elles doivent à ces dernières. É. Gilson, par exemple, a été un de ces chercheurs qui, aux 'temps héroïques' des études médiévales, a montré combien Descartes était tributaire de ces 'scolastiques' qu'il détestait cordialement [153].

---

accusé. On a donc pu croire que la théorie des cordes vibrantes, la catoptrique, l'astronomie, se distinguaient de quelque manière des autres parties moins évoluées de la physique. La différence n'était cependant qu'apparente, comme on l'a souligné plus haut en faisant valoir les éléments mathématiques implicites des formules rudimentaires du langage commun.

« On remarquera d'ailleurs historiquement que ces sciences intermédiaires n'interviennent jamais directement dans la classification des sciences, mais sont seulement ajoutées dans les réponses aux objections. Elles ne dérivent pas en effet normalement de la théorie des degrés d'abstraction, mais sont des données de fait, assez gênantes d'ailleurs, que le théoricien intègre comme il le peut dans une synthèse qui ne les prévoyait pas.

« Pour les auteurs scolastiques il n'y avait donc qu'une physique unique, homogène et uniforme, qui expliquait tout, depuis le Premier moteur jusqu'à la salure des mers et le régime des vents. Et ces conceptions épistémologiques étaient fondées sur une doctrine délibérée de la connaissance sensible, qui identifiait résolument le physique et le sensible ». Un peu plus loin (*op. cit.*, p. 55), le même auteur dit : « La 'Philosophie de la Nature', si éventuellement elle se reconstitue, sera l'analogue de la *philosophia naturalis* médiévale ; tandis que la science physique moderne, malgré ses ressemblances superficielles avec l'ancienne, est d'un type épistémologique radicalement nouveau, dont il serait naïf de chercher la formule chez les auteurs du moyen âge ».

153. Voir surtout *Index scolastico-cartésien,* thèse pour le doctorat présentée à la Faculté des lettres de l'Univ. de Paris, New York, Burt Franklin, s.d. (éd. originale, Paris, Alcan, 1912) ; *La liberté chez Descartes et la théologie,* Paris, Alcan, 1913 ; *Études sur le rôle de la pensée médiévale dans la formation du système cartésien* (Études de philosophie médiévale, 13),

Mais la situation, en ce qui concerne la science et la philosophie des sciences au moyen âge, est encore semblable, sous beaucoup d'aspects, à celle de l'époque où on parlait encore naïvement de l'« âge des ténèbres ». Malgré la publication d'un certain nombre de travaux remarquables en ce domaine des sciences et de la philosophie des sciences au moyen âge [154], G. Beaujouan croyait pouvoir, encore récemment, commencer un chapitre sur la science dans l'Occident médiéval chrétien en ces termes :

> Moyen Âge chrétien et progrès scientifique : voilà bien pour le vulgaire deux notions inconciliables. Les fruits du 'miracle grec' n'ont-ils pas sombré dans l'oubli pendant plus d'un millénaire pour n'être exhumés, tels des marbres antiques, que par les humanistes de la Renaissance ? [155]

Mais, le 'miracle grec' n'a pas été si miraculeux qu'on l'avait cru ; on commence maintenant à percevoir que la renaissance scientifique du XVIe siècle n'est pas *une sorte de 'Deus ex machina' qui, sans aucune raison évidente, change soudainement toute la direction de l'évolution scientifique* [156]. En effet, Copernic et Galilée ont été préparés par toute une série de prédécesseurs qui, pendant

---

Paris, Vrin, 1930. Gilson a raconté au moins deux fois comment il a été amené à l'étude du moyen âge à partir de Descartes. Voir *God and Philosophy,* New Haven and London, Yale Univ. Press, 1941, p. XII-XIV ; *Le philosophe et la théologie* (Le Signe), Paris, Arthème Fayard, 1960, p. 97-119.

154. On pourrait citer entre autres les travaux de P. Duhem, K. Michalski, A. Birkenmajer, L. Thorndike, G. Sarton, E. J. Dijksterhuis, A. Maier, A.C. Crombie, E. A. Moody, M. Clagett.

155. *La science dans l'occident médiéval chrétien,* dans *Histoire générale des sciences,* publiée sous la direction de R. TATON, vol. I, *La science antique et médiévale (des origines à 1450),* Paris, P.U.F., 1957, p. 517 ; cf. O. PEDERSEN, *The Development of Natural Philosophy,* p. 87 : « Whereas we today possess a fairly good understanding of mediaeval theology or philosophy in general we still lack a synthetic view of mediaeval physics and mathematics ».

156. O. PEDERSEN, *The Development of Natural Philosophy,* p. 88 : « We can evidently discard the vulgar explanation of the Renaissance as a kind of Deus ex machina who without any demonstrable reason suddenly changes the whole direction of scientific evolution ». Toute cette page pourrait être citée. Cf. aussi du même auteur, *Du quadrivium à la physique,* p. 123.

longtemps, ont été relégués dans l'oubli [157]. Et, fait curieux entre tous, la *Physique* d'Aristote a été précisément une des occasions du passage graduel à un nouveau type de science, en particulier par la voie de la mathématisation des *communia naturalium*. A. C. Crombie utilise une image assez heureuse pour décrire la situation :

> On peut considérer Aristote comme une sorte de héros de tragédie arpentant la scène de la science médiévale. De Grosseteste à Galilée, il occupe le centre du plateau, séduisant les esprits par la promesse ensorceleuse de ses conceptions, excitant leurs passions et les divisant, et, à la fin, les forçant à se tourner contre lui à mesure que les conséquences réelles de son entreprise se révèlent peu à peu sous leur vrai jour ; et cependant, des profondeurs de son propre système, il leur fournit une grande partie des armes qui servent à l'attaquer [158].

Et il ajoute ceci qui touche notre sujet de plus près :

> Les plus importantes de ces armes résultent du développement des idées concernant la méthode scientifique, et, en particulier, l'induction et l'expérience, et le rôle des mathématiques dans l'explication des phénomènes physiques — car elles ont progressivement conduit à une conception entièrement différente du genre de questions à poser dans les sciences de la nature, le genre de questions, en fait, auxquelles les méthodes expérimentale et mathématique étaient en mesure de fournir une réponse [159].

On peut penser que ce furent des problèmes concrets d'astronomie, d'optique, de mécanique et de dynamique qui forcèrent petit à

---

157. Cf. O. PEDERSEN, *The Development of Natural Philosophy*, p. 150-151 ; G. BEAUJOUAN, *op. cit.*, p. 581-582. Pedersen et Beaujouan résument les travaux des meilleurs spécialistes de l'histoire de la science et de la philosophie des sciences au moyen âge (cf. note 154).

158. A.C. CROMBIE, *Histoire des sciences de saint Augustin à Galilée (400-1650)*, traduit de l'anglais par Jacques D'HERMIES, t. 1, Paris, P.U.F., 1959, p. 215.

159. *Ibid.* ; cf. p. 61 : « En fait, d'un certain point de vue, toute l'histoire des sciences européennes, du XIIe au XVIIe siècles, peut être considérée comme une pénétration progressive des mathématiques (en conjonction avec la méthode expérimentale) dans les domaines que l'on croyait précédemment appartenir exclusivement à la 'physique' ».

petit, le passage de la physique de type aristotélicien aux sciences physico-mathématiques. Les réflexions méthodologiques et les classifications épistémologiques viennent en général en second lieu, c'est-à-dire qu'on les formule quand on a déjà un corps de science acquis. Partant, ce ne fut certainement pas la considération du type épistémologique des sciences intermédiaires qui a amené un progrès de la mathématisation, mais plutôt le désir de trouver des solutions plus satisfaisantes à des problèmes tels que, entre autres, le calcul astronomique, la comparaison des vitesses ou l'intensification et la diminution des qualités (*intentio et remissio formarum*). Toutefois, on ne peut pas ne pas reconnaître une certaine parenté entre les sciences intermédiaires et les sciences physico-mathématiques modernes. Comme le remarque O. Pedersen, il n'est pas sans importance qu'on ait eu conscience de la caractéristique propre de ces sciences :

> This doctrine [of the intermediate sciences] means a real progress in the history of epistemology. For whereas the modern notion of mathematical physics seems to be unknown to the Middle Ages it is evident we are here closely approaching it. Consequently the Thomistic *sciencia media* must be considered a mediaeval parallel to the mathematical physics of later times. It may be called no small achievement to discover the essential character of such sciences, considering the rareness of examples then available [160].

À mesure que notre connaissance des problèmes scientifiques et des réflexions méthodologiques que ces problèmes ont suscitées au Moyen âge et à la Renaissance deviendra plus précise et plus détaillée, nous pourrons percevoir mieux la continuité et les différences qui existent entre les deux périodes. Faisant alors le bilan des étapes parcourues, il ne sera pas impossible que le passé apporte des leçons encore valables. Les sciences intermédiaires seront sans doute un des chapitres présents dans ce bilan d'ensemble, puisqu'elles témoignent d'un rapprochement croissant entre la physique et la mathématique, qui a trouvé son point d'aboutissement dans

160. O. PEDERSEN, *The Development of Natural Philosophy*, p. 92 ; cf. *Du quadrivium à la physique*, p. 120.

la science physico-mathématique[161]. En ce qui concerne saint Thomas, en particulier, on ne lui attribuera pas le mérite d'avcir pratiqué personnellement les sciences intermédiaires ; par contre, on reconnaîtra son incontestable intérêt pour les problèmes épistémologiques que ces sciences suscitaient et on lui fera le mérite de les avoir abordés avec des yeux de philosophe.

161. Cf. J. GAGNÉ, *Du* Quadrivium *aux* scientiae mediae, p. 986 : « Il est possible d'affirmer en ce moment que les sciences physico-mathématiques modernes ne sont pas les héritières directes ou de la physique ou de la mathématique anciennes, mais bien plutôt des sciences qui avaient commencé à chercher à les faire se rejoindre ; dès lors, chercher les fossés entre physique ancienne et physique moderne ne suffit plus vraiment à révéler les leçons de l'histoire, en particulier sur la genèse de nos inquiétudes au sujet d'un divorce entre philosophie et science. Il faut compter au moins avec les *scientiae mediae,* dont nous savons maintenant qu'elles ont une histoire ».

RÉACTIONS DE TROIS PENSEURS DU XIIIe SIÈCLE VIS-À-VIS DE L'ALCHIMIE *

Guy-H. Allard

Je m'intéresse à des problèmes de communication dans la culture. Comment en effet, dans une culture donnée, des groupes sociaux et des individus communiquent-ils entre eux ? En un mot, de quelle manière la communication procède-t-elle ?

Une des façons d'arriver à élucider ce problème, c'est d'analyser des cas de non-communication, si tant il est vrai que l'on comprend une chose parfois en expliquant son contraire. Les rapports de l'Alchimie et de la pensée officielle au moyen âge sont de ce type. Ils illustrent merveilleusement comment la communication peut se rompre entre l'idéologie du pouvoir officiel et un groupe marginal. Le présent article tente de saisir l'Alchimie à travers le regard de la pensée officielle. Dans cette optique, me semble-t-il, l'analyse peut faire voir plus facilement les mécanismes de rejet impliqués dans l'interdiction du discours alchimique. À cette fin, j'ai choisi un échantillonnage varié au XIIIe siècle : deux penseurs, Thomas d'Aquin et Albert Le Grand, pour qui la communication avec l'Alchimie est impossible ; un troisième, Roger Bacon, qui ne craint pas d'intégrer à son univers scientifique la science alchimique.

Un dernier mot enfin sur mon hypothèse de travail. Il serait facile de faire voir — après bien d'autres — comment les oppositions entre ces divers groupes sont d'ordre idéologique. La vision de la Nature, en effet, la philosophie de la création et de l'homme, la conception du temps, voire même l'idée du salut, sont diamétrale-

---

* Texte d'une communication donnée au XIIIe Congrès d'études médiévales du Medieval Institute, Western Michigan University, Kalamazoo, Michigan, 29 avril — 2 mai 1973.

ment opposées dans les deux systèmes. Mais j'observe d'autre part que, malgré les divergences idéologiques, la communication est encore possible ; c'est le cas de Bacon entre autres. Il faut donc supposer que l'opposition d'Albert le Grand, par exemple, n'est pas seulement idéologique ; j'oserais dire qu'elle est beaucoup plus profonde : elle est d'ordre logique et épistémologique. Elle n'est pas tant une opposition de contenu que de contenant. Bref, ce n'est pas tant les *cogitata* qui séparent les hommes dans une culture que les *modi cogitandi* ; en effet, ce n'est pas parce que les membres d'une société parlent ou ne parlent pas de la même chose qu'il y a ou non communication. La communication est, à mon sens, encore moins une affaire de valeurs au point que ceux qui partageraient les mêmes valeurs, seraient plus facilement capables de communiquer entre eux que ceux qui se soumettraient à des valeurs différentes, voire même opposées. Le processus de communication repose moins sur les valeurs que sur leur *échelle,* c'est-à-dire sur le système relationnel des valeurs entre elles, les règles formelles qui régissent et moulent la configuration des contenus. C'est plutôt alors le *mode* du savoir et de l'intelliger qui est la condition d'une bonne transmission du message, car la communication est affaire de *medium* : elle est basée sur des modes de perception, sur des mécanismes épistémologiques, en un mot sur une architecture logique de la pensée. Il est temps de le faire voir.

« Quidquid recipitur ad modum recipientis recipitur ». Ce principe bien connu de Thomas d'Aquin va nous servir de guide ici pour nous aider à comprendre comment Thomas d'Aquin a lui-même perçu l'Alchimie. Ce dernier ne nous apprend vraiment que peu de choses de l'Alchimie, qui n'intervient dans sa problématique qu'à l'occasion de deux grandes questions : 1) à propos de la classification des sciences [1], 2) par rapport à un problème de morale économique [2]. Dans l'échelle des sciences, l'Alchimie prend place — à côté de la médecine, de l'agriculture et des arts de la mesure — au dernier rang des *artes mechanicae.* Elle n'est donc pas une science

1. *Expositio sur la Trinité,* q. 5, a. 3, ad 6 ; q. 5, a. 1, ad 5 ; q. 2, a. 2, ad 5 ; q. 5, a. 1, ad 3 ; *Expositio sur les II Analytiques,* I, lect. 17, no 6.

2. *Somme de théologie,* IIa-IIae, q. 61, a. 3 ; q. 78, a. 1 et ad 6 ; q. 62, a. 4, ad 1,2. Voir également Raymond de ROOVER, *La pensée économique des scolastiques,* Montréal-Paris 1971.

au sens strict, ni une « science intermédiaire » ; elle n'est qu'un des plus dévalués des « arts mécaniques ». Cet art alchimique ne se réduit aux yeux de Thomas d'Aquin qu'à une question de production : *aurum fabricare.* Dans la *Somme de théologie,* il se demande si la vente de l'or alchimique est licite ou non ? S'il s'agit de l'*aurum sophisticatum* produit par des alchimistes avec le concours démoniaque de la magie, la vente est illicite ; seul l'or obtenu par l'art alchimique selon les lois et les opérations conformes à la philosophie naturelle ou à la physique, peut être vendu licitement. Plus avant dans les chapitres de la *Summa theologiae* consacrés à l'usure, Thomas d'Aquin nous rappelle qu'on n'a pas plus le droit de réaliser un profit usuraire avec du métal que le métal lui-même n'a la faculté de se reproduire. L'argent est un métal stérile, *pecunia pecuniam non parit* ; les métaux, les vases précieux, la monnaie sont classifiés par lui *in rebus quae non fructificant.* Comment comprendre de telles assertions sans se rappeler la classification porphyrienne des êtres en vivants et non-vivants ? Tout métal est logiquement un être inanimé ; ses mutations ne peuvent être des générations. Par voie de conséquence, le métal ne peut avoir les propriétés du vivant, à savoir la génération, la croissance, la digestion, la sexualisation, la maladie. Engagé ainsi sur le terrain de la logique, le débat avec les alchimistes ne pouvait trouver d'autre issue que d'aboutir au rejet de l'animisme et de l'univers astrobiologique. Ce qui est ici en cause, on le voit, c'est moins un *contenu* qu'un *mode* de penser et un *ordre* logique. On ne peut penser le *vivant* et le *non-vivant* de la même manière, tout comme d'ailleurs le statut épistémologique du *faire (artes mechanicae)* ne saurait être le même que celui du *contempler* (science naturelle ou philosophie naturelle). Ces deux indices d'opposition à l'Alchimie — que nous trouvons chez Thomas d'Aquin — annoncent déjà ce que nous aurons à expliciter plus loin, à savoir que derrière la pensée officielle et l'Alchimie ce sont deux *logiques* différentes qui s'affrontent. Et cette opposition formelle bloque toute communication.

Albert le Grand, par contre, est plus loquace et plus explicite que son disciple sur l'Alchimie. Il était aussi plus inquiété par ces questions ; il écrit dans son traité sur *Les Minéraux* : « J'ai voulu quelquefois me rendre compte par moi-même, entreprenant de longs voyages dans les mines pour observer la nature des métaux. Pour la même raison, j'ai fait des recherches sur la transmutation des métaux des alchimistes, en vue d'apprendre leur nature et leurs accidents propres » [3]. Les griefs qu'Albert présente contre l'Alchimie sont d'ordre langagier et épistémologique. Car le terrain sur lequel il se place pour discuter des métaux, de leur transmutation, de l'élixir, est celui de la philosophie naturelle. Or cette science naturelle n'accepte pas le langage métaphorique ; contre Callisthénès qui réclame le statut de science pour l'Alchimie, il répond : « Pour résoudre cette question convenablement, j'ai lu beaucoup de livres alchimiques ; je les ai trouvés sans évidence et sans preuves, appuyant leurs dires sur des autorités et camouflant leurs significations derrière un langage métaphorique. C'est contraire à la manière de procéder en philosophie » [4]. La vraie science parle le langage du propre et non du métaphorique. À cet égard, Avicenne lui paraît plus sérieux qu'Hermès. La vraie science argumente, raisonne, démontre [5] ; mais l'Alchimie fonctionne par arguments d'autorité, par induction, par probabilité et fausses expériences [6]. Elle ne peut être qu'un art, non pas une science, un art qui travaille par *trial and error,* art qui agit sur la nature comme cause instrumentale tandis que la nature est la cause efficiente des phénomènes. C'est la nature seule qui confère la forme substantielle aux éléments ; et son action est sûre et certaine. Ce qui n'est pas le cas de l'art [7].

Pourquoi tant d'incompatibilité ? Parce que nous sommes, semble-t-il, en présence de deux logiques différentes. Albert le Grand, en bon physicien naturel, argumente selon la logique de la forme substantielle et des accidents, logique articulée à une ontologie de la substance, c'est-à-dire à l'idée d'un fond stable et permanent au sein du devenir. La logique des alchimistes, au contraire, est dynamique [8]. Albert le Grand a très bien perçu que les alchimistes

3. *Les Minéraux,* III, 1, 1 ; éd. Vivès, *Opera Omnia,* tome 15.

4. *Ibid.,* III, 1, 7.

5. *Ibid.,* I, 1, 1 ; III, 1, 8. Il exige des preuves rationnelles, des démonstrations théoriques, des signes de certitude.

6. *Ibid.,* III, 1, 6 ; 1, 7.

7. *Ibid.,* I, 1, 3 ; III, 1, 4, 5, 8, 9.

8. Voir A. FAIVRE, *Alchimie occidentale et logique aristotélicienne,* Conférence rapportée dans *Revue d'Histoire des Religions,* CLXXXI-I (1972), p. 105-110. Du même auteur, voir *Une approche figurative de l'Alchimie,* dans *Annales,* 3-4 (1971), p. 841-853 ; *L'ésotérisme chrétien du XVIe au XXe siècle,*

fonctionnent selon la logique de l'opératoire quand il qualifie l'alchimiste d'*homo mechanicus et non philosophus.* Or pour cette *mechanica alchimia,* le principe d'identité, de non-contradiction et du tiers-exclu ne s'applique plus. Le devenir n'est plus une suite ontologique d'états d'être, où une substance stable, première, recevrait par mutation des formes secondes et des accidents, mais il est plutôt un processus, une vaste *actio et operatio* où les contraires sont complémentaires. Albert le Grand est conscient de ce que le principe d'identité n'existe plus pour les alchimistes : « dicunt omnia metalla esse in omnibus » [9] ; ainsi l'argent, le cuivre, le soufre sont à la fois ce qu'ils sont et de l'or. Car l'or est partout matrice fondamentale qui peut être, selon le cas, plus ou moins occultée et manifeste, plus ou moins intérieure et extérieure, plus ou moins enfouie et périphérique dans chaque métal [10]. Selon les alchimistes, rapporte toujours Albert, le mode d'être de l'or dans chaque métal ne doit pas se comprendre « secundum situm partium in toto, sed secundum proprietates et naturas dominantis vel non dominantis : dominans (i.e. ce qui a l'air d'être de l'argent, du cuivre, du soufre, etc ...) enim in se clausum occultat illud super quod dominatur (i.e. l'or) » [11]. Dans cette optique, la dénomination des choses n'obéit plus à la logique de l'identité et de la non-contradiction, mais elle est faite « a plus dominante » [12]. Le langage et la dénomination ne sont plus alors ancrés sur la substance in-divisible, mais fondés sur la propriété dominante d'un corps qui occulte temporairement sa propriété intérieure dorée. L'entreprise alchimique, le Grand Oeuvre, a précisément pour tâche de changer les rapports de domination et de libérer en l'amenant à la surface, tout l'or enfoui dans chaque métal. Ce qui correspond à engager le processus de perfectionnement de tout métal selon le passage de l'incomplet au complet. Callisthénès pouvait donc à juste titre affirmer de l'Alchimie qu'elle est « scientia(m) quae inferioribus metallis nobilitatem attribuit superiorum » [13]. Le terme de conver-

---

dans *Histoire des Religions* (La Pléiade), p. 1304-1362. Même si A. Faivre connaît mieux l'alchimie pré- ou post- médiévale, il reste que sa méthodologie est valable et utile à l'analyse de l'alchimie médiévale.

9. *Les Minéraux,* III, 1, 8.
10. *Ibid.,* I, 1, 1 ; III, 1, 1 ; 1, 8.
11. *Ibid.,* III, 1, 8.
12. *Ibid.,* III, 1, 8.
13. *Ibid.,* III, 1, 7.

sion de tout métal ne lui est pas extérieur, puisque l'or est la propriété occultée en tout métal ; si bien que le métal, à la fin des opérations du Grand Oeuvre, est le lieu de dévoilement de ce qui s'y trouvait au départ enfoui ; les grandes opérations alchimiques ne font que donner forme à un état antérieur, et ennoblissent ainsi les étapes précédentes des caractéristiques de celles qui suivent. Le plus est dans le moins au départ, tout comme l'*omega* dans l'*alpha*. Cette *coincidentia oppositorum* fait du devenir et de la transmutation un cycle éternel qui ne saurait convenir à la logique de la noncontradiction d'Albert le Grand et à sa représentation linéaire et vectorielle du devenir.

Roger Bacon est le plus accueillant des trois envers l'Alchimie. Cela tient, encore une fois, non pas tant aux contenus de sa pensée qu'à l'architecture de son esprit. En effet, idéologiquement, Bacon est plus près de l'augustinisme que de l'aristotélisme — ce qui, à première vue, pourrait le rendre plus réfractaire aux théories et aux travaux alchimiques. Et pourtant, contrairement aux maîtres dominicains, il reconnaît à côté de la philosophie naturelle, l'existence d'une Alchimie spéculative qu'il distingue de l'Alchimie pratique, tout comme d'ailleurs il pose une distinction entre la médecine spéculative et pratique [14]. Cette *alchimia operativa et practica* d'ailleurs est supérieure à toutes les autres parce qu'elle assure une plus grande utilité non seulement à la société et à l'état, non seulement à la médecine, mais également à l'Alchimie spéculative, à la médecine spéculative et à la philosophie naturelle [15] ; car elle permet de « certifier » ces dernières disciplines. L'Alchimie pratique et opérative est très utile également en ce monde pour démystifier la magie [16]. Si la grammaire, la logique, la philosophie naturelle, la théologie, la morale s'occupent des biens de l'âme, l'Alchimie expérimentale, la mathématique et la perspective s'intéressent aux biens du corps et au bien-être [17].

Cette attitude sympathique envers l'Alchimie s'explique, à mon avis, par les mécanismes épistémologiques et les cadres généraux de la pensée baconienne. L'architecture mentale est ici tout autre

14. *Opus Tertium*, ch. 12, éd. de **BREWER**, *Opera inedita* (Rolls Series).

15. *Opus Minus*, éd. de BREWER, p. 321, 324, 328.

16. *Opus Tertium*, ch. 13.

17. *Opus Minus*, p. 324.

que celle de Thomas d'Aquin ou d'Albert le Grand. Nous sommes en présence d'une nouvelle méthodologie qui organise différemment les rapports *ars-natura* d'une part, et d'autre part ouvre d'autres avenues relatives au mode d'acquisition du savoir.

Premièrement, les rapports *ars-natura* sont, chez Bacon, totalement inversés. Pour lui, l'art imite non seulement la nature mais la perfectionne : ce que la nature prend mille ans à faire, l'art peut le faire en un seul jour. En conséquence, si le pouvoir de la nature est grand et admirable, celui de l'art — qui utilise la nature comme instrument — est encore plus grand. A son tour, le pouvoir de l'art est renforcé et « certifié » par la pratique et l'expérience : ce qui lui assure une plus grande certitude qui fait défaut à la nature [18].

Deuxièmement, le renversement le plus spectaculaire porte précisément sur le *modus sciendi* ou le *modus congregandi totam sapientiam*. Pour le commun (*vulgus*) des dialecticiens et des métaphysiciens, la séquence logique de l'acquisition du savoir va du particulier au général, du postérieur à l'antérieur, de l'*uti* au *frui*, du plus facile au plus difficile, du composé au simple, du moins important au plus important. Mais dans le contexte de la *scientia experimentalis* et de la *certificatio*, l'ordre logique de l'apprentissage du savoir est tout autre. Bacon s'explique là-dessus dans le *Compendium :* « Pour bien connaître toutes choses, il faut une excellente méthode . . . Or dans l'ordre du savoir, la méthode parfaite c'est de connaître les *priora* avant les *posteriora,* les choses plus faciles avant les choses difficiles, les générales avant les spécifiques, les *minora* avant les *majora* » [19]. Pour Bacon, la *scientia prior* est la science des éléments et des êtres inanimés ; sans elle on ne peut parler correctement et avec certitude des *posteriora,* à savoir les vivants (plantes, animaux, homme) [20]. D'autre part, le commun (*vulgus*) des intellectuels latins s'est adonné aux *faciliora,* à savoir le droit, la dialectique, lesquels ont contracté alliance avec la philosophie, la médecine et la théologie ; mais bien peu, au dire de Bacon, se sont voués au travail ardu et exigeant de la science des choses difficiles : Alchimie spéculative et pratique [21].

18. Voir pour toutes ces questions des rapports *ars/natura, Opus Tertium,* ch. 12, ch. 5, ch. 13 ; *Opus Minus,* p. 314-315.
19. *Compendium,* ch. I (éd. de BREWER).
20. *Opus Tertium,* ch. 12.
21. *Ibid.*, ch. 12.

Cette dernière, *alchimia operativa et practica,* est à ses yeux la *scientia major quia majores utilitates producit* [22]. Il faut en effet rappeler que l'utilitarisme de Bacon est non seulement à l'origine de la science, mais qu'il est également la norme et le critère sur lesquels s'établit l'échelle des valeurs dans le savoir [23]. Il s'ensuit que la science est d'autant plus noble (*major*) qu'elle est intéressée. Par voie de conséquence, la science pure, théorique, celle des généralités (*communia*), des choses universelles, premières, fondamentales comme les arts du langage, la physique, la métaphysique, est pour lui la science des *minora.* Il faut bien partir de là ; car l'acquisition du savoir et de la sagesse, pour Bacon, est un processus à deux temps : « La méthode synthétique du savoir sapientiel est double ; elle procède d'abord *in summa et sub compendio,* ensuite elle analyse les choses sous leur mode singulier et selon la « discipline appropriée », dit-il dans l'*Opus Tertium* [24]. C'est la nature qui exige ainsi que nous commencions nos recherches *in summa et sub compendio* : « car cela est *naturel* à notre façon de connaître que de procéder du général au spécifique, de l'universel au particulier » [25]. Cette première étape pour ainsi dire naturelle, doit déboucher sur l'acquisition de la sagesse et du savoir, *in particulari . . . in propria* (*scientia*). C'est cette deuxième étape que Bacon privilégie évidemment, car il est, pourrait-on dire, un obésédé du particulier, du singulier et de la différence. Dans sa *Lettre sur les secrets de l'action de l'Art et de la Nature,* il avoue que « les considérations générales ont peu de valeur et ne sont pas la fin ultime du savoir, qui est plutôt la recherche des choses particulières et propres » [26]. « Les choses complexes (*composita*) ont plus d'être et de bonté que les choses simples (*simplicia)* », écrit-il dans l'*Opus Tertium* [27]. Et quand il préconise que la « scientia perspectiva omnia

---

22. *Ibid.*, ch. 12.

23. Voir l'étude de R. CARTON, *L'expérience physique chez Roger Bacon,* Paris, Vrin, 1924, p. 32.

24. *Opus Tertium,* ch. 5. Comme il l'affirme dans *Opus Minus,* p. 327 : « Si on ne sait pas d'abord les choses mineures [les choses spéculatives], on ne peut connaître les choses majeures [les choses pratiques] ». Le mode de l'acquisition du savoir est ainsi *double* et *inversé* par rapport à celui de ses contemporains.

25. *Ibid.*, ch. 5.

26. Éd. de BREWER, ch. 8.

27. *Opus Minus,* p. 343.

facit scire » [28], il entend que cette science assure la connaissance propre, particulière, différenciée des choses complexes ; car elle est fondée sur la vision et sur l'œil : « l'œil seul nous montre les différences des choses » ... « Nous pouvons contrôler seulement ce que l'œil nous a appris » [29].

Nous avons assisté dans la pensée baconienne à un renversement des rapports *ars-natura,* et également à une inversion de la logique du savoir. Le *modus sciendi* va du général au particulier, de l'antérieur au postérieur, du simple au complexe ; les sciences théoriques et abstraites sont déclarées les plus faciles et les moins nobles, plus voisines de la nature que de l'art. L'art par contre, agit sur des choses particulières, propres, complexes, difficiles, plus nobles. Ce n'est pas un hasard si Bacon a intitulé ses grands travaux *Opus* (*Majus, Minus, Tertium*). La plupart de ses contemporains écrivent des *Sommes,* qui sont des entreprises plutôt synthétiques dont la bonne marche ne peut être assurée que si elles sont élaborées au niveau du général et de l'universel. Or Bacon conteste cette méthode ; son entreprise est essentiellement *critique.* Il considère que le temps est venu de refaire l'histoire du savoir occidental : « il a parfaitement senti que la pensée philosophique occidentale souffrait depuis Platon et Aristote d'un lourd héritage d'ambiguïtés. Il le dit avec une vigueur qui rend la lecture attachante pour un moderne, mais qui dut sembler à ses contemporains un parti pris de dénigrement » [30]. Il remarque que le « troupeau philosophique », plein de son ignorance, adore l'universel, se perd dans les généralités et bâtit ainsi sur du sable des sciences théoriques qui n'ont aucun impact réel sur la connaissance des choses. L'universel est monstrueux ; d'ailleurs quotidiennement nous nous nourrissons et nous nous vêtons de particuliers, de choses concrètes et singulières. « L'individu est premier, fondamental *secundum naturam* » [31]. Il faut partir de là. Or, de l'individu, de la réalité concrète, on n'écrit pas de *somme* ; au contraire, on en fait l'*expérience,* on l'observe. La réalité concrète et singulière nous invite au *faire,* au *procéder* ;

---

28. *Opus Minus,* p. 317. Voir aussi *Opus Majus,* V, Perspectiva, IIIa, dist. ultime.

29. *Opus Majus, Perspectiva,* dist. I, ch. 1.

30. C. BÉRUBÉ, *La Connaissance de l'individuel au moyen âge,* Presses de l'Université de Montréal, 1964, p. 70-71.

31. *Op. cit.,* p. 71.

c'est pourquoi elle fait appel en nous, moins à nos facultés théoriques qu'à nos aptitudes opératoires et techniques. On comprend ainsi pourquoi les *artes mechanicae* sont valorisés aux yeux de Bacon et pourquoi ce dernier a intitulé ses écrits *Opus* et non *Summa*... Avec une telle vision des choses et une telle méthodologie, Bacon pouvait se montrer plus accueillant qu'Albert le Grand et Thomas d'Aquin envers l'*Ars Magna* des alchimistes.

* * *

Que pouvons-nous retenir, en guise de conclusion, de tout ce qui précède ? Comment pouvons-nous expliquer la variété des attitudes de nos trois théologiens du XIIIe siècle ? On peut dire qu'en principe et du point de vue idéologique, ils avaient tous les trois les mêmes raisons théologiques de refuser la vision du monde des alchimistes, leur idée de la création et de l'homme, leur conception du temps et du salut. Pourquoi alors Bacon, contrairement aux deux autres, n'hésite-t-il pas à intégrer *de droit* et *de fait* l'Alchimie à l'ordre du savoir ? Nous avons essayé de montrer que ce sont des facteurs logiques et méthodologiques qui expliquent leur comportement respectif. Voilà qui nous ramène à notre hypothèse du début : dans une culture donnée, la communication entre les divers groupes sociaux fonctionne quand le mode du savoir et de l'intelliger est le même pour tous, même s'il y a opposition idéologique. Ce qui revient à dire que ce n'est pas nécessairement le partage de valeurs identiques qui assure la communication entre les groupes, mais plutôt l'identité de structure (échelle) qui règle les rapports de ces valeurs.

THOMAS OF CANTIMPRÉ
DE NATURIS RERUM
PROLOGUE, BOOK III AND BOOK XIX

John Block Friedman

The present edition [1] consists of the Prologue, Book III and Book XIX in their entirety of a vast encyclopedia in twenty books, the *De Naturis Rerum* by the Flemish Dominican, Thomas of Cantimpré. These selections are among the most interesting portions of the encyclopedia in themselves. Moreover, certain of the questions raised in Book III and the *moralitates* of Book XIX are especially valuable for the historian of science in that they illustrate the striking association in the author's mind of natural history with theology and preaching techniques.

Of the author, not much is known, and that indirectly [2]. He was born in 1201 at Lewes, near Brussels, of a noble family, his father having fought under Richard in Palestine. As a schoolboy at

1. This text owes its inception to the late Pauline Aiken, of Connecticut College, whose transcription of British Museum Royal 12 F. vi, a nineteen-book version of the *De Naturis Rerum,* first introduced me to Thomas of Cantimpré's work, and supplied certain readings in my own edition. I am indebted to MM. Pierre Campagne, Conservateur and Paul Lefrancq, Conservateur honoraire of the Bibliothèque Municipale, Valenciennes, for allowing me to photograph MS 320 and for supplying a history of the manuscript. I am also grateful to the Cambridge University Library and to Trinity College, Cambridge for a microfilm of Trinity College MS 0.1.34. Professors A. G. Rigg of the University of Toronto and Bruno Roy of the University of Montréal have graciously contributed many helpful suggestions and readings.

2. The main points of the biographical outline presented here come from the *Vita* by George COLVENERUS in *Thomae Cantipratani Bonum Vniuersale de Apibus,* Douai, 1627. Later material is conveniently collected by G. J. J. WALSTRA, *Thomas de Cantimpré,* De Naturis Rerum : *État de la question,* in *Vivarium,* 5 (1967), p. 147-149.

Liège from 1206 to 1216, Thomas heard Jacques de Vitry preach and conceived a great admiration for him, placing Jacques' name with those of Aristotle, Ambrose, and Pliny in the list of chief authorities in the Prologue. At the age of sixteen, Thomas entered the Augustinian abbey at Cantimpré and became a canon regular, that is, a priest bound by religious vows and living in a community under a rule. In 1232, presumably because he felt his vocation was more to be scholar than priest, he joined the Dominicans at Louvain, and to further his education, went to Cologne, where he studied with Albert the Great from 1233 until 1237. As was customary for a medieval scholar, Thomas had an international education. In 1237 he was in Paris at the Convent of St. James and probably studied at the University of Paris until 1240. In the words of one of his biographers, Thomas « Theutonicae linguae peritus erat, & Gallicae » [3]. He may also have known some English if we assume that the English glosses of Latin names for animals found in some manuscripts of the *De Naturis Rerum* are his rather than the scribe's. At the age of forty-five he returned to the convent at Louvain as sub-prior and reader, eventually attaining the rank of preacher-general in a monastic province composed of Germany, Belgium, and France. He probably died on May 15, 1270 or 1272.

Besides the *De Naturis Rerum,* Thomas wrote lives of John of Cantimpré, St. Christine of St. Trond, and the Blessed Luitgard, as well as a continuation of Jacques de Vitry's life of Marie d'Oignies. He may also have written some biographical matter about the Blessed Margarite d'Ipres. For Jordan of Saxony, Thomas composed a hymn to be found in his last work, *Bonum universale de apibus* (1256-1263) [4].

Some time between 1237 and 1240, Thomas completed at Paris his encyclopedia, *De Naturis Rerum.* These limits are established by the author's references to Jordan of Saxony, who died in 1237, and to Jacques de Vitry, who died in 1240, as still living. That the work is by Thomas there can be no doubt, for in the *Bonum universale de apibus,* written towards the end of his life, Thomas addressed an epistle to the Dominican general, Humbert de Romans,

3. COLVENERUS, sig. 1r.

4. Thomas' hagiographical writings are mentioned by COLVENERUS, loc. cit. The hymn appears in the *Bonum Vniuersale* on p. 577-580.

in which he refers to the encyclopedia by name, saying that he worked on it for fifteen years and giving a list of the six most important sources he used [5] ; this time span and list of authorities is to be found in the Prologue to the *De Naturis Rerum*. The two books of the *Bonum universale,* moreover, are simply the moral application to human society of passages on the natural history of bees taken from the article on that insect in the encyclopedia, Book IX, *De Vermibus*.

As can readily be seen from the list of subjects in the Prologue, Thomas belongs among those medieval writers who took all knowledge for their province, for he treats of anatomy, the nature of the soul, monstrous races of men, animals, birds, sea monsters, fish, serpents and other crawling or creeping things, trees and herbs, aromatic and unaromatic, springs, precious stones, metals, regions of the air, planets, movements of the air, the four elements, and the movements of the planets. His audience consisted of what today would be called « cultivated general readers »—men who had neither the time nor the inclination to read Adelard's *Natural Questions,* but who had a need for the sort of non-specialist knowledge Thomas provided so well. These readers were probably not only clerics, though Thomas had them mainly in mind, but lawyers, court officials, doctors, merchants, and poets. Thomas shows an acquaintance with the new learning, mentioning Aristotle frequently and making use of Michael Scot's *Liber Introductorius,* but when we compare the scientific portions of the *De Naturis Rerum* with Daniel of Morley's work, or Michael Scot's or even with the anonymous twelfth-century *De elementis* in Cotton Galba E.iv [6], we find little of the enquiring Aristotelian spirit of the new science. Thomas asserts no theories about the elements, shows little interest in the newly fashionable study of optics, in the Greek language, or in the specialized terminology of Chartrian cosmology or Aristotelian science. In short, he is a middle brow writer, giving safe and familiar

---

5. See *Bonum Vniuersale,* p. 1. Colvenerus speaks of having seen two manuscripts of the *De Naturis Rerum,* one in nineteen and one in twenty books ; he also gives a table of contents for the latter which agrees with that of the Prologue in the present edition, sig. 1 3r.

6. See Richard C. DALES, *Anonymi* De Elementis : *from a Twelfth-Century Collection of Scientific Works in British Museum MS Cotton Galba E. IV,* in *Isis,* 56 (1965). The Latin text appears on p. 181-189.

views based on received authorities rather than on personal observation.

Though similar in its scientific outlook, the *De Naturis Rerum* differs from its near contemporary competitor, the *De Proprietatibus Rerum* of Bartholomaeus Anglicus, because Thomas intended that one part of his audience should be preachers. He provided them, along with popular scientific information, *moralitates* deriving from it. He wished, as he says in the Prologue, « to compile in one volume, and that a small one, those facts concerning the natures and properties of created things which are both noteworthy and accordant with morality. » Thomas then, indicates the double purpose of his work : to transmit knowledge and to inculcate morality. In the second aim, at least, he never falters. His belief that natural history could be a valuable tool for the preacher with which « to allure the ears of the sluggish in a new manner » places Thomas well within the preaching tradition of his master, Jacques de Vitry [7], and of that of near contemporaries like Robert of Basevorn, whose *Forma Praedicandi* tells us that the preacher ought always to offer the audience something subtle and curious, a device particularly efficacious when the audience begins to sleep [8]. A representative example of the way Thomas elicits morality from natural history occurs in Book XIX, where he draws elaborate comparisons between the element of fire and fire in the Bible.

Books have their fate, and that the *De Naturis Rerum* went unprinted [9] was due to the irony of fate, for it served as the source for the natural history of another, much larger, encyclopedia by Thomas' fellow Dominican, Vincent of Beauvais, d.1264. Vincent's *Speculum Naturale* quotes extensively from Thomas, but leaves out

7. See T. F. CRANE, ed., *The Exempla of Jacques de Vitry,* rp. Nendeln, 1967.

8. Th.-M. CHARLAND, ed., *Artes Praedicandi,* Paris and Ottawa, 1936, p. 260-61, 320. See J. J. MURPHY, *Medieval Rhetoric ; A Select Bibliography,* Toronto, 1971, 6, D28, for a bibliography of this treatise.

9. The Prologue to the *De Naturis Rerum* has been published by Lynn THORNDIKE, *More Manuscripts of Thomas of Cantimpré,* De Naturis Rerum, in *Isis,* 54 (1963), p. 274-276 and G. J. J. WALSTRA, *Thomas de Cantimpré, De Naturis Rerum. État de la question,* in *Vivarium,* 5 (1967), p. 146-171 and 6 (1968), p. 46-61. The Prologue appears on p. 152-155. *De Monstruosis hominibus* was edited by Alfons HILKA, in *Festschrift zur Jahrhundertfeier der Universität Breslau,* Breslau, 1911, p. 152-165. *De Quatuor elementis* has, to my knowledge, never been published.

the carefully developed *moralitates* which were the older author's main contribution. The *De Naturis Rerum* was translated into Middle Dutch by Jacob van Maerlant [10] in the second half of the thirteenth century and into Middle High German by Konrad von Megenberg [11] in the second half of the fourteenth. Thomas was known to the Renaissance by various editions of the *Bonum universale de apibus* which seems first to have been printed at Cologne by G. Gops about 1473. There were editions up to and including the seventeenth century.

Encyclopedists, medieval or modern, are not always noted for their originality, and Thomas is no exception to this rule. For example, all of his material on the monstrous races of the East, aside from the brief preface and conclusion, comes from Jacques de Vitry's *Historia Orientalis* and from the anonymous *Liber Monstrorum,* which in turn are based on earlier sources. Thomas uses the verb « to compile » several times in the Prologue and this is quite an accurate description of his procedure throughout the encyclopedia. His practice differs from that of many medieval compilers, however, in that he is very scrupulous with regard to his sources, for he almost always identifies them, saying « thus Isidore » or « Palladius says. » And the variety of the sources is truly extraordinary.

A full review of them will give an idea of the remarkable range and rather miscellaneous nature of a thirteenth-century library. His chief authorities are : Aristotle, Pliny, Solinus, Ambrose, Basil, Isidore of Seville, Jacques de Vitry, the lost *Liber Rerum,* Experimentator, Palladius, Galen, Platearius, the *Physiologus,* and Adelinus.

The following authors or pseudo-authors I have identified by name or citation in the twenty-book version of the *De Naturis Rerum ;* no doubt there are many silent borrowings which I have missed. Late antique and medieval writers Thomas used are Boethius' *Consolation of Philosophy,* Macrobius' *Somnium Scipionis,* apparently by way of William of Conches, Jerome, the apocry-

10. Eelco VERWIJS, ed., Jacob van MAERLANT, *Naturem Bloeme,* Groningen, 1878.

11. Franz PFEIFFER, ed., Konrad von MEGENBERG, *Das Buch der Natur,* Stuttgart, 1861.

phal Letters of Aristotle to Alexander on health and of Alexander to Aristotle on the marvels of the East, Fulgentius, Sulpicius Severus, Gregory's *Regula* and *Moralia in Job,* the Clementine *Recognitiones,* the *Secret of Secrets,* the *Liber Kiranides,* the *Gynaecia* of Muscio, the *Liber Florum Philosophie,* the apocryphal Letter of Aquila, Symmachus and Theodosius to Ptolemy on falcons, Marbod of Rennes, Yvo of Chartres, Augustine, Rhabanus Maurus, the *Glossa Ordinaria,* Constantine Africanus, Bernard of Clairvaux, Peter Comestor, pseudo-Hugh of St. Victor's *De Bestiis,* the *Fabula* of Odo of Cheriton, Adelard of Bath, Jordan of Saxony, Haymo of Halberstadt, Peter of Spain on diet, Michael Scot, and Hugh of St. Cher.

Of ancient writers, he knew Hippocrates, Josephus, Virgil, and a number of Galenic and pseudo-Galenic, Aristotelian and pseudo-Aristotelian treatises. Aristotle is one of Thomas' most frequently named sources for natural history and science, but I do not think that Thomas necessarily knew all the treatises he cites intimately or even directly.

Thomas most probably used Michael Scot's translation c. 1220 from the Arabic version of Ibn al-Bitrîq [12], since he refers in the encyclopedia to Michael as a translator of the *De Animalibus* (Book V, *De Avibus,* c. 5 fol. 86). It should be noted that the Arabic writers regarded the *Historia Animalium* in ten books, the *De Partibus Animalium* in four books, and the *De Generatione Animalium* in five books as one vast work on animals in nineteen books [13]. Thus Ibn al-Bitrîq was translated by Michael simply as *De Animalibus,* and Thomas accordingly refers to the first book of the *De Partibus Animalium* as Liber XI of the *De Animalibus,* e.g. Prologue, 94-5.

Two of the authorities Thomas lists in his Prologue raise interesting historical problems. The first, Experimentator, is in-

12. See J. BRUGMAN and H. J. DROSSAART LULOFS, eds, *Aristotle's Generation of Animals, the Arabic Translation Commonly Ascribed to Yahyâ al-Bitrîq,* Leiden, 1971.

13. See S. D. WINGATE, *The Mediaeval Latin Versions of the Aristotelian Scientific Corpus, with Special Reference to the Biological Works,* rp. Dubuque, Iowa, 1963, p. 72-86; G. LACOMBE, *Aristoteles Latinus: Pars Prior,* Rome, 1939, p. 80-85; and Lynn THORNDIKE, *Michael Scot,* London, 1965, p. 22-31.

troduced rather enigmatically : « Inueni eciam librum quendam suppresso auctoris nomine quem modernis temporibus compilatum audiui ; cuius sentencias ubicumque repereris, ex hoc cognosces quod hoc nomen Experimentator sub sequentibus inuenies prelibatum. » Though Lynn Thorndike says that the works of Experimentator are lost [14], a pretty good selection of them survives in the *De Naturis Rerum* ; he is cited in eight of the twenty books a total of ninety-six times. Indeed, he appears more often than any source but the Bible.

Thorndike suggested that Experimentator might be the person of that name mentioned two hundred and fifty-six times in Peter of Spain's *Thesaurus Pauperum* [15]. Of the many animals discussed by Thomas' Experimentator, twenty are also mentioned by Peter's man. Unfortunately, a comparison of the two authors reveals no verbal and only the most general substantive similarities. Thomas' Experimentator, for example, in a little article on the wolf, says that dried wolf heart has aromatic properties, while Peter's author mentions eating wolf heart for medicinal purposes. Both writers were obviously men of medical education, but Thomas' Experimentator, as can be seen from the chapter on water in Book XIX, deals as much with natural science as he does with diet, while Peter's Experimentator gives only *consilia* for specific illnesses, saying nothing about the natural history of the animal or plant involved.

It is evident from the type and extent of the citations in Thomas, that Experimentator was an encyclopedist the scale of whose work must have rivaled that of the *De Naturis Rerum*. Moreover, his remarks on diet suggest practical interests, indicating that there may have been a good deal of medical matter in the work. Certainly, it is not impossible that the *consilia* associated with the name of Experimentator by Peter could have been part of the undoubtedly vast work of Thomas' Experimentator, and that the

---

14. Lynn THORNDIKE, *A History of Magic and Experimental Science*, New York, 1929, II, p. 767.

15. THORNDIKE, p. 767. Luis de PINA and Maria de ROCHA PEREIRA, eds., PETER OF SPAIN, *Thesaurus Pauperum,* in *Studium Generale,* 1 (1954-5), p. 161-299 ; 2 (1955), p. 182-247 ; 3 (1956), p. 68-173, 310-349 ; 4 (1957), p. 54-139 ; 5 (1958), p. 255-283.

lack of stylistic similarities between the two authors may be due to the possibility that Peter was at several removes from the manuscrit of his author and was quoting him only from a collection of excerpted *consilia.* But the present evidence does not seem to support Thorndike's view that the two Experimentators are the same person.

Something of a minor mystery, since he figures in the *De Naturis Rerum* much less prominently than Experimentator, is the second puzzling author, « Adelinus philosophus » of whom Thomas says that though he wrote little, it was exceedingly valuable. In the preface to Book III, Thomas mentions Adelinus' discussion of the onocentaur. The material about this creature is taken from an anonymous *Liber Monstrorum,* as is much of the substance of Book III. This work is a monster miscellany, placing the exotic races of the East discussed by Pliny side by side with the monsters of classical myth, like Scylla and the Cyclops. Written in a florid Carolingian style, the *Liber Monstrorum* is believed to have been compiled in England in the eighth century [16]. The four extant manuscripts are of later date but may depend upon a lost common exemplar. It was edited in the nineteenth century by Moriz Haupt [17] and recently reedited by Douglas Butturff in an unpublished dissertation [18]. I give references to both Haupt's and Butturff's editions in the notes to the present work.

Since Thomas cites Adelinus as the source for many of the references he makes to the *Liber Monstrorum,* we may presume that he regarded the *Liber* as by Adelinus. But who is Adelinus ? Some scholars have suggested that he may actually have been Aldhelm

---

16. For bibliography, see E. DEKKERS, *Clavis Patrum Latinorum* (*Sacris erudiri,* III, 2nd edition), Steenbrugge, 1961, 1124. Dekkers and Butturff, see below, both omit the very important study of the *Liber* in E. FARAL, *La Queue de Poisson des Sirènes,* in *Romania,* 74 (1953), p. 433-506, especially p. 441-470.

17. Moriz HAUPT, *Opuscula,* 2, Leipzig, 1876, rp. Hildesheim, 1967, p. 221-252.

18. Douglas BUTTURFF, *The Monsters and the Critics : An Edition and Critical Study of the* Liber Monstrorum, unpublished dissertation, University of Illinois, 1968.

of Malmsbury [19]. In Book VIII, *De Serpentibus,* Thomas says « de salamandra adelinus in enigmatum libro versificans dixit in persona salamandre » (Fol. 137v), and goes on to quote Aldhelm's seventeenth riddle. Evidence that Aldhelm was at least once called Adelinus exists in a fourteenth-century kalender in the University of Illinois Library [20], where we find in the table for May 25 «-adelinus episcopus. » Aldhelm was a bishop and his birthday was celebrated on May 25 ; I suspect that the entry resulted from a scribal confusion of Adelmi with Adelini where the minims of the *m* were understood as an *i* and *n*. Perhaps a manuscript containing both the *Liber Monstrorum* and the works of Aldhelm was in circulation during Thomas' lifetime and « Adelinus » developed from the attribution in the manuscript or from Thomas' understanding of it. Curiously, Raoul de Presles in his translation of and commentary on the *City of God* (1371-1375), in speaking of giants, quotes directly from the *Liber Monstrorum,* saying « de telle maniere de gyans raconpte adelinus en son livre de proprietatibus rerum » [21], suggesting that he may have regarded Thomas' encyclopedia as the work of « Adelinus » !

Valenciennes, Bibliothèque municipale, 320 used for the text of the present edition, is that of the twenty-book version. Presumably, Thomas, not long after completing it, began to revise the *De Naturis Rerum,* adding a twentieth book, *De Ornatu et eclipsibus solis et lune.* He made as well, a number of changes and

19. This claim was made by FARAL, *La Queue . . .*, p. 466 on no real evidence : « Audelinus rend couramment en latin la forme anglo-saxonne Aldhelm. Et Alfons Hilka, trouvant le nom d'Audelinus dans le prologue de Thomas . . . n'a pas hésité à écrire 'Gemeint ist Aldhelmus . . .' »

20. *Horae,* Sarum use, University of Illinois Library, De Ricci MS 140, fol. 5v. There are other curious spellings in this manuscript, for example, Dinistani for Dunstani. A variant form suggesting scribal confusion of minims, « andelmi ep. » or « audelmi ep. », exists in the kalender of an English psalter, Gloucester use, c. 1200 ; it is Munich CLM 835, folio 3. While Aldelm's name appears frequently in Francis WORMALD, ed., *English Kalenders before A.D. 1100,* London, 1934 and *English Benedictine Kalenders after A.D. 1100,* I, London, 1939 ; II, London, 1946, it is spelled Aldelmus.

21. RAOUL DE PRESLES, *Cy commence la table du premier liure de monseigneur saint augustin de la cité de dieu,* Abbeville, 1486, Ch. IV, Bk. XV, sig. 1 i v. See on this most interesting author, F. CHATILLON, *Le premier traducteur et commentateur de la Cité de Dieu, Raoul de Presles,* in *Revue des études latines,* 35 (1957), p. 71-73.

additions throughout the earlier books. Some examples notable in the present work are the cooking pot illustration of centrifugal force and a heavy dependence on Palladius' *Agricultura,* which Thomas must have discovered late. Also, in Book III, he expanded the closing chapter on Colossus by the addition of the Viennese giant matter. My first consideration, then, in trying to offer a text as much as possible like that which was the last to leave the author's hands, was to choose a twenty-book manuscript. Of the one hundred and forty-four manuscripts of the *De Naturis Rerum* known to me [22], only six are at once of the whole work in twenty books and of the thirteenth century. Of these six, Valenciennes 320 and Cambridge, Trinity College 0.1.34 were especially well written and careful works. Judging from the diagrams and marginalia, the latter seems to have been the property or work of a man with scientific interests. It is very slightly better as a text than Valenciennes 320 but unfortunately lacks all of Book III. For this reason, I preferred Valenciennes to Cambridge. The manuscripts, however, are closely related and share many erroneous readings, e.g. Book XIX 1/12, the ungrammatical nonsense « exemplorum » in both manuscripts, while Honorius of Regensburg [23], Thomas' source, actually read « exemplar. » My impression is that both manuscripts depend on an earlier copy, probably close to Thomas' autograph revision of post 1240.

Valenciennes Bibliothèque Municipale 320 is written on parchment and consists of one hundred and ninety-eight leaves in double columns, measuring 230 by 161 mm. It has numerous colored initials, some illuminated, and some containing miniatures. There are six hundred and seventy miniatures of varying size throughout the manuscript ; as is customary in manuscripts of the *De Naturis*

---

22. See the hand-list published by WALSTRA, *Thomas de Cantimpré, part 2,* in *Vivarium,* 6 (1968), p. 48-60, and, more recently, H. BOESE, *Zur Textüberlieferung von Thomas Cant impratensis'* Liber de natura rerum, in *AFP,* 39 (1969), p. 53-68.

23. Eva Matthews SANFORD, *Honorius,* Presbyter *and* Scolasticus, in *Speculum,* 23 (1948), p. 397-425, argues very convincingly that the adjective Augustodunensis coupled with the name of Honorius refers to Regensburg rather than Autun, p. 402-3. An Irish origin for Honorius is offered by R. W. SOUTHERN, *St. Anselm and His Biographers,* Cambridge, 1963, p. 215. See also Robert O. REYNOLDS, *Further Evidence for the Irish Origin of Honorius Augustodunensis,* in *Vivarium,* 8 (1969), p. 1-7.

Rerum, these are concentrated in the earlier books on the monstrous races, animals, and plants.

Though the manuscript contains an ex-libris inscription from St. Amand done at the end of the thirteenth or the beginning of the fourteenth century, it is written in a hand of the late thirteenth [24]. M. Lefrancq [25] is of the opinion that it was a product of a Parisian scriptorium associated with the University and was bought by the Abbey of St. Amand shortly after it was written. Valenciennes 320 is written by one hand, text, rubrics, running titles, and even corrections. There are a few inconsequential French annotations in a secretarial hand of the fifteenth century. On the whole, it is a clear and well-written codex of high quality, with illustrations of a grace and beauty far greater than I have seen in other manuscripts of the same work.

By contrast, Cambridge, Trinity College 0.1.34, vellum, 191 by 136 mm, in one hundred and eighty-six folios in double columns, is more of a working scholar's manuscript, clearly and boldly written but without frills. It dates from the thirteenth century [26].

I have compared both of these manuscripts from time to time with British Museum Royal 12.F.vi, a manuscript of the nineteen-book version dating from the fourteenth century. The text printed here is based on my own examination of the first two manuscripts in film and the last in photostat.

Valenciennes 320 employs u for u/v and I have followed the scribe's practice in this. Orthography is that of the manuscripts ; it will sometimes be puzzling in the treatment of classical names and words, e.g. Ethne, Strix, ortus, sethis. Forms of c and t are virtually indistinguishable ; I have used c for the most part, following medieval usage. Words in square brackets should be omitted from the text. Words in angle brackets have been supplied for the sense ; other corrections are signalled in the Text Notes.

24. This manuscript was described by J. MANGEART, *Catalogue des manuscrits de la Bibliothèque de Valenciennes,* Paris, 1860, p. 320-321, who took the ex-libris date to be that of the work itself. Another description may be found in *Catalogue Général des manuscrits des bibliothèques publiques de France,* Paris, 1894, XXV, p. 338.

25. Letter to the editor, February 3, 1972.

26. M. R. JAMES, *The Western Manuscripts in the Library of Trinity College, Cambridge,* Cambridge, 1902, III, p. 38-39.

3ra **INCIPIT PROLOGUS IN LIBRO DE NATURIS RERUM**

Naturas rerum in diuersis auctorum scriptis late per orbem sparsas inueniens cum labore nimio et sollicitudine non parua, annis ferme XV operam dedi ut, inspectis diuersorum phylosophorum et auctorum scriptis, ea que de naturis creaturarum et earum proprietatibus memorabilia et congrua moribus inuenirem in uno uolumine et hoc in paruo breuissime compilarem.

Hic igitur primo consideranda est anathomia humani corporis, passiones et cura earum, postea uero tractatus breuis et utilis de anima. Cuius uirtutem doctor incomparabilis Augustinus in Libro de Anima et Spiritu [1] plenius lucidiusque distinxit. Deinde cause et species monstruorum hominum, ac deinde de natura pecudum, uolucrum, ac beluarum marinarum, piscium quoque atque serpentium, uermium, arborum, herbarum, fluminum, lapidum, metallorum et humorum aeris ; de septem eciam planetis et passionibus aeris ; de cursu solis et lune, et eorum defectibus et ultimo de quatuor elementis.

Proprietates ergo rerum per editiones uarias aperte distinguens auctores dictorum singulis proprietatibus applicaui. Proinde isti sunt qui sequens opusculum eleganter illuminant. Primus omnium Aristotiles est qui non solum in hijs, uerum eciam in omnibus ad phylosophicam disciplinam pertinentibus eminentior cunctis effloruit. Secundus est Plinius, qui et ipse antiquitate et auctoritate uenerabilis inter harum

---

In the following notes, *A* indicates Valenciennes, Bibliothèque Municipale 320, 13th century : *B* indicates Cambridge, Trinity College, 0.1.34, 13th century (lacks Book III, De Monstruosis hominibus orientis) ; and *C* indicates London, British Museum, Royal 12 F. vi, 14th century (lacks quotations from Palladius).

---

1. Now ascribed to Alcher of Clairvaux, c. 1150, H.S. DENIFLE, *Die deutschen Mystiker des 14. Jahrhunderts,* ed. Otwin Spiess, Freiburg, 1951, p. 81, but see Gaetano RACITI, *L'Autore del 'De Spiritu et Anima',* in *Rivista di Filosofia Neo-Scolastica,* 53 (1961), p. 385-401.

3rb rerum auctores copiosus/magis enituit. Tercium autem Solinum ponimus, qui et ipse eloquentia ualde mirabilis in libro quem de Mirabilibus Mundi edidit plurima de rerum naturis diligens perscrutator inseruit. Quartus beatus Ambrosius Mediolanensis presul est, qui de naturis bestiarum et uolucrum in libro qui Exameron dicitur multa distinguit. Qui utique per omnia secutus est, et modo scribendi et ordine magnum Basilium in libro quem eciam Exameron greco eloquio edidit, cuius eciam sententias quasdam nostro operi oportunis locis dignissimum duximus inserendas, quas utique beatus Ambrosius breuitatis causa minime conprehendit. Quintus Ysidorus episcopus est, qui in libro Ethimologiarum diffusus ualde et utilis est. Sexto loco magistrum Iacobum de Vitriaco, quondam Aquonensem episcopum, nunc uero Tusculanum presulem et Romane curie cardinalem, licet meritis potiorem, quasi etate ultimum ponimus ; qui de naturis rerum et historijs que in transmarinis partibus modernis temporibus euenerunt eleganti sermone conscripsit, et hunc librum uoluit Orientalem Hystoriam appellari. Librum uero rerum [2], libellum admodum paruum inueni, qui eciam de naturis rerum plurima comprehendit. Inueni eciam librum quendam suppresso auctoris nomine quem modernis temporibus compilatum audiui, cuius sententias ubicumque repereris. Ex hoc cognosces quod hoc nomen Experimentator [3] sub sequentibus inuenies prelibatum. Palladius in libro de Agricultura eximius ualde est. Galienus et Platearius preclari auctores in phisica sunt, qui de natura humani corporis, arborum et herbarum uirtutes medicine usui congruentes, plane distingunt./3va Sed et Physiologum compendiosum satis et utilem locis diuersis inserui. Adelinum [4] quoque philosophum qui etsi pauca, tamen bona conscripsit.

Prologus /46 qui *BC* : que *A*.

2. A lost encyclopedia.
3. See Introduction.
4. See Introduction.

Ceteri uero quorum nomina plerumque inter alios posuimus non tam auctores in rerum naturis sunt quam pro scriptorum suorum oportunitatibus assertores. Interdum aut et uulgi opiniones non per omnia refutandas posuimus. Ipsa enim antiquitas in talibus plerumque honoranda est, dum aperte non sit dissona ueritati.

Et notandum quod sub Alexandro magno quinquaginta uolumina edita sunt ad mandatum illius, que Plinius XXXVII editionibus breuiter conprehendit ; auctores uero tales sub libro prefixit ; pretermisimus tamen multos ex illis et posuimus magis uulgatos atque precipuos : Lucillus Piso, Theophrastus, Claudius Cesar, Diogenes, Dorocheus Atheniensis, Democritus, Apollodius qui de bestiis uenenatis, Dyonisius medicus qui transtulit Magonem, Cato censorinus, Marcus Varo, Heraclides, Orpheus, Pythagoras, Menander, Homerus, Nicander, Mucianus, Virgilius, Petronius, Dyagoras, Andreas, Iuba rex, Mecellus, Philomethor rex, Tholomeus rex, Anthigonus rex, Archelaus rex, Vmbritius, Filemon, Alfius, Flauus, Nigidius, Seneca et Cicero, Higinus, Macculius [5], Hypocras. Hij sunt auctores secundum Plinium in natura rerum.

Proinde moralitates et significantias rerum breuiter in quibusdam per interualla distinximus et ideo non continue, quia uitauimus prolixitatem. Nunc igitur quantum hoc opus prosit et quantam utilitatem prestare possit hijs qui uerbo predicationis uolunt insistere, ad plenum scire hominum estimo neminem
3vb nisi cui in profundioribus diuina sapientia dederit/intellectum. Dicit enim Aristotiles, de Animalibus libro XI, siue [6] sit nobilissimum sicut illud quod celeste est, siue ignobile sicut est creatura animalium, erit tamen causa magne dilectacionis illis qui id possunt cognoscere. Propter hoc igitur debemus considerare

5. Pliny cites no such author ; possibly Thomas meant Masurius.

6. /95-105 siue . . . casualiter : ARISTOTLE, *De Partibus Animalium,* I, c.5.

formas creaturarum et delectari in artifice qui fecit illas, quoniam artificium operantis manifestatur in operatione, et propter hoc ait : intendamus in naturis animalium uilium, et non graue sit nobis, quoniam in omnibus rebus naturalibus est mirabile, et res naturalis nobilis quoniam non <fuit> ullum naturatum ociose creatum neque casualiter, sed propter aliquod complementum, et ideo habet aliquod eciam reputatu uilissimum locum et ordinem nobilem.

Illud autem in hoc opere Lector consideret, ut si naturas et mores animalium aut effectus herbarum aliter in occidente repererit quam relatio philosophorum contineat, qui fere omnes in orientis partibus scriptitarunt, non statim incipiat quasi ficticium reputare quod scriptum est, immo prudenter aduertat, quia aliter se habeat orientis pars mundi cum suis creatis quam occidentalis, aut aquilo siue meridies, cum oppositus sit dispositione nature occidens orienti, meridies aquiloni, aliter enim machina mundialis stare non posset. Et ecce probatio : oriens calidus et humidus ; occidens uero frigidus et <humidus ; meridies calidus et siccus ; aquilo uero frigidus et> siccus. Nunc autem si omnes quatuor plage unius qualitatis essent, et calor solis orbem totaliter occuparet, unde <nichil esset> illud quod eius uehemencie per contrarium obuiaret. Semper enim nullo resistente cresceret, quoadusque in suis elementis mundum consumeret. Nunc ergo calori frigus, frigus calori, siccitas humiditati, humiditas siccitati opponitur, et mundus in suis
4ra plagis oppositarum qualitatum coequata lucta firmius/ stabilitur.

Crede ergo, Lector, quia et conplexiones in animalibus et effectus in herbis secundum qualitatem

/104 fuit *C* : *omitted by AB.*
/119-120 humidus . . . frigidus et *supplied from BC.*
/123 nichil esset *supplied from C.*
/128 oppositarum *C* : oppositorum *A* : oppositor *B.*

aeris uariantur. Hijs ergo scriptis si quis studium adhibuerit, ad argumenta fidei et correctiones morum integumentis medijs sufficienciam reperiet, ut interdum predicatore quasi e uestigio scripturarum apte digresso, cessantibus eloquijs prophetarum, ad euigilacionem beatarum mencium oculata fide creaturarum adducat testes, ut si quem sepius audita de scripturis et inculcata non movent, saltem noua more suo pigritancium aures demulceant. Hinc ergo ab ipso homine inicium nobis sumendum est, qui inter mortalia mortalis quidem creatus, cunctis immortalis anime dignitate prelatus est.

Liber ergo primus de anathomia humani corporis est. Secundus de anima. Tercius de monstruosis hominibus orientis. Quartus de animalibus quadrupedibus. Quintus de auibus. Sextus de monstris marinis. Septimus de piscibus fluuialibus atque marinis. Octauus de serpentibus. Nonus de uermibus. Decimus de arboribus communibus. Vndecimus de arboribus aromaticis et medicinalibus. Duodecimus de herbis aromaticis et medicinalibus. Terciusdecimus de fontibus. Quartusdecimus de lapidibus preciosis et eorum sculpturis. Quintusdecimus de septem metallis. Sextusdecimus de regionibus et humoribus aeris. Septimusdecimus de spera et septem planetis et eorum uirtutibus. Octauusdecimus de passionibus aeris, fulgure, tonitruo et consimilibus. Nonusdecimus de quatuor elementis. Vicesimum autem post finem laboris nostri non tanquam ex nostra conpilatione, sed tan-
4rb
quam/necessarium ipsi operi precedenti addidimus, qui utique de ornatu celi et motu syderum atque planetarum ad intelligendam speram et eclypsim solis et lune euidentissime tractare uidetur. Addidimus tamen aliqua et quedam subtraximus, atque nonnulla in eodem libro correximus.

/134 integumentis *BC* : in tegumentis *A*
/139 moneret *AB* : movent *C*.

43vb

INCIPIT LIBER TERTIUS DE MONSTRUOSIS HOMINIBUS ORIENTIS ET PRIMO GENERALITER UNDE HOMINES MONSTRUOSI.

Quoniam de monstruosis hominibus orientis liber sequitur, <querendum> primo est si homines illi de Adam primo homine descenderunt. Et respondendum est quod non, nisi forte sicut Adelinus phylosophus dicit de onocentauris [7], qui per adulterinam commixtionem hominis et bestie, si tamen uerum est, prouenerunt. Cuius opinioni illud contrarium est, quod dicitur monstra diu non posse uiuere ab homine et bestia generata. Consideremus ergo quid Ieronimus dicat, quod deserta orientis huiusmodi animalia ferre consueuerunt. Quod patuit ipso narrante Ieronimo [8], in vita beati Pauli primi heremite, <ubi dicit beato Antonio querenti Paulum monstrum in heremo> occurrisse, cuius superior pars homo, cum fronte cornibus asperata, inferior uero pars in caprarum pedes desinebat. Et dixit monstrum Antonio : « Mortalis ego sum, unus de accolis heremi, quos delusa Gentilitas faunos, satyrros, et incubos uocat. Legatione fungor gregis mei, ut pro nobis communem Dominum depreceris, quem olim in salutem hominum uenisse cognouimus, et 'in omnem terram exijt sonus eius' [9]. » Et ne, inquit Ieronimus, hoc fabulosum quis estimet, nostra etate in Alexandria huiusmodi animal captum est.

Hinc ergo uidendum est si illud animal quod Antonius uidit animal fuerit rationale, mortale. Et constat secundum Ieronimum quod Deum ita euidenter confessum est. Secundum Augustinum utique de-

---

Book III /2 querendum *supplied from C.*
/12-13 ubi dicit ... in heremo *supplied from C.*
asperato *AC* : asperata *Ed.*

---

7. *Liber Monstrorum,* 11.65 ; HAUPT, 11.226.
8. /11 Ieronimo : see JEROME, *Vita Sancti Pauli Primi Eremitae,* 8, *PL* 23, 23-24.
9. *Ps.,* 18:5.

44ra terminatur animal habere animam,/quod est rationale, mortale [10]. Neque tantum forma, sed actus et habitus hominem manifestant. Animalibus uero monstruosis animam inesse non credimus, etsi per aliquos actus ad rationis motum sensu estimacionis habilitentur extrinsecus, quoniam non habent cursum organizacionis in corpore ut sensu intellectuali rationis scemate perfruantur. Et non mirum si monstra huiusmodi alicuius actus habilitacione ceteris animalibus preferantur, quia forte secundum quod plus appropinquant homini exteriori forma in corpore, tanto illi appropinquant sensu estimacionis in corde. Hinc de monstruosis hominibus liber sequitur.

1. De Mulieribus Pugnatricibus que dicuntur Amazones

Homines sunt, ut dicit Iacobus [11], in quibusdam partibus orientis ab alijs mundi nacionibus ualde dissimiles. Sunt enim ibi Amazones, egregie in armis et prelijs mulieres, iuxta montes Caspios, in insula undique fluuio circumclusa commorantes. Sunt autem plus quam ducenta milia predictarum mulierum absque uirorum consorcio seorsum habitantes. Quando enim hee Amazones uictrices cum regina sua a prelijs reuertuntur, a uiris suis, qui extra insulam per se
44rb commorantur, adorantur. Semel/ autem in anno ad maritos suos causa generande prolis exeunt. Postquam autem reuerse fuerint, si masculum conceperint, ipsum per sex annos nutriunt, et postea patri suo transmittunt. Si uero feminam pepererint, ipsam secum reseruantes custodiunt. Sicut enim in quibusdam uolucribus femine forciores sunt uiris suis, et quoniam ex frequenti usu libidinis multi spiritus consumuntur, quanto rarius coeunt, tanto prefate uiragines forciores sunt et magis ydonee ad pugnandum.

---

10. PSEUDO-AUGUSTINE, *Liber de Anima et Spiritu*, c. 31, *PL* 40, 800.

11. /1/44-62 homines ... pugnandum : JACQUES DE VITRY, *Historia Orientalis*, c. 92, Douai, 1597, p. 198-199.

2. De Exydracibus Hominibus qui et Nudi Sapientes dicuntur

Homines [12] alij sunt, quos Exydraces ceu Gymnosophitas appellant, id est nudos sapientes. In nuditate autem et paupertate et humilitate ambulant, comtempta fallaci et transitoria huius mundi vanitate. In tugurijs et speluncis habitantes sunt, non habentes casalia uel ciuitates. Nulli autem nocent, nec contra aliquos armis <se defendunt>. Filij autem eorum et uxores eorum seorsum habitant cum animalibus, que ad uitam sobriam sustentandam enutriunt. Hos cum Alexander Macedo reperisset, ualde miratus ait illis, 'petite a me quod uultis et dabo uobis.' Et illi, 'da,'
44va inquiunt, 'nobis immortalitatem / quam super omnia desideramus ; alias autem diuicias non curamus.' Quibus Alexander ait, 'mortalis,' inquit, 'cum sim, immortalitatem quomodo vobis dare possum ?' Cui illi, 'si ergo mortalem te cognoscis, quare tot mala faciendo <uagabundus> in orbe discurris ?'

3. De Bragmannis qui Christum Dei Verbum Confitentur et colunt eciam antequam Christus ueniret in carne

Homines preterea alij sunt ualde mirabiles ultra Gangem fluuium habitantes, quos Bragmannos appellant. Quos mirabilis religio, mores et uita mirifice decorant. Hij eciam antequam Christus ueniret in carne, de eius coeternitate cum Patre aperte scripserunt. Nam quidam Dindimus dyadasculus ipsorum Bragmannorum rogatus ab Alexandro Macedono, mirabilem epistolam scribit ad eundem Alexandrum de uita et sanctis moribus Bragmannorum et de cultu unius Dei, et de coeternitate Filij cum Patre. Dicit enim inter cetera : 'Deus Verbum est, et Verbum illud

2/71 se defendunt *supplied from C.*
2/81 uagabundus *added in margin.*

12. /2/65-81 homines . . . discurris : *Historia Orientalis,* c. 92, p. 199-200.

mundum creauit, et per hoc uiuunt omnia. Nos autem hoc Verbum colimus, hoc adoramus. Deus spiritus et mens est, et ideo non amat aliud nisi mundam mentem.'[13]

4. De alijs Hominibus et Moribus eorum/

44vb Homines[14] alij in partibus predictis sunt qui amore alterius uite in ignem se mittere non formidant.

Sunt alij homines qui parentes proprios nimio confectos senio mactare et carnes eorum ad epulas preparare immensam putant pietatem et magnam religionem, renuentes uero tanquam impios detestantur.

Homines eciam alij sunt ibi tam magni uelut gygantes, ita ut elephantes cito transiliant.

Homines alij sunt ibi intantum parui ut cubitum longitudinis uix excedant.

Sunt matres eciam, que semel parientes canos partus proferunt, qui tamen diu uiuentes in senectute nigrescunt.

Sunt alie que quinquennies pariunt, sed partus nisi octo annis uiuere <non> possint.

Homines alij sunt qui pisces crudos manducantes ipsum mare salsum bibunt./

45ra Homines alij sunt manus auersas et in singulis pedibus octo digitos habentes.

Homines alij sunt qui habent plantas pedum transpositas.

4/106 tanquam *C* : tam *A*)
/115 possunt *A* : non possint *Ed.*

---

13. *Historia Orientalis,* c. 92, p. 207. Thomas abridges here a fictitious letter by Dindymus to Alexander on the virtues of Indian asceticism over western materialism. See D. J. A. ROSS, *Alexander Historiatus,* London, 1963, p. 30-32 and notes.

14. /4/101-121 homines... transpositas: *Historia Orientalis,* c. 92, p. 213.

Homines alij sunt quos beatus Ieronimus [15] Cynocephalos appellat qui canina [16] capita habentes, ungues aduncos, pellibus pecudum induti, pro voce latratus canum proferunt.

Homines alij sunt qui ita paruum os habent quod non nisi gracili calamo sorbilia comedunt.

Homines alij sunt ibidem, qui carnibus humanis vescuntur. Hij hominum uestigia tam diu <olfactu> percipiunt, quousque aquam aliquam illj quos insequuntur transierint.

Homines alij sunt ibi monoculi, qui Arismaspi uocantur et Ciclopes nominantur, in media fronte unum oculum tantum habentes.

Homines alij sunt qui unum tantum pedem habent quo uelocissime currunt. Habent autem tantam pedis latitudinem quod eius planta contra solis fervorem umbram spaciosam sibi faciunt, et quasi in domo sub planta pedis requiescunt./

45rb Homines alij sunt absque capitibus, oculos in humeris habentes, qui pro naso et ore duo foramina habent in pectore Sethis autem horridi sunt ad modum bestiarum.

Homines alij sunt qui solo odore cuiusdam pomi uiuunt. Quod si longius ire contigerit, ipsum pomum secum deferunt. Aliter enim morirentur si prauum sentirent odorem.

Alij sunt homines siluestres, sex manus per singulos habentes.

/121 transpositas *C* : tranpositas *A*.
/129 olfactu *supplied from C*.

---

15. Jerome was believed in the Middle Ages to be the author of pseudo-Aethicus Ister's *Cosmographia* (Virgil of Salzburg : DEKKERS, *Clavis Patrum*, 2348). See H. WUTTKE, ed., *Cosmographia*, Leipzig, 1853, c. 28, p. 15-16.

16. 123-156 canina ... uenatione : *Historia Orientalis*, c. 92, p. 214.

Mulieres preterea sunt ibi speciose ualde in quodam flumine calido habitantes, horridas vestes habentes, armis argenteis, eo quod ferrum non habent, utentes.

Mulieres eciam sunt in quibusdam siluis Indie que habent [17] barbas usque ad mamillas, pellibus animalium indute, nec uiuunt nisi de uenatione. Habent enim pro canibus tygrides et leopardos et rabida ferarum genera.

Homines [18] eciam sunt et mulieres nudi incedentes, corpus pilosum sicut bestie habentes, eque in 45va flumine et in terra habitantes./Quando autem extraneos homines supervenire aspiciunt, submersi in flumine non apparent.

Homines agrestes eciam sunt ibi, magni ualde et pilosi sicut porci et uelut fere mugientes.

Quedam eciam speciosissime mulieres sunt ibi in flumine habitantes, sed hoc pulcritudinis uicium habent, quod dentibus carent humanis sed caninis horrescunt. Ceterum uero albe sunt sicut nix.

Homines pigmei habitant in quibusdam montibus Indie, duorum cubitorum, quibus bellum est contra grues ; qui tercio anno pariunt, octauo senescunt.

Homines alij fuerunt antiquitus, ut legitur, uisi, qui caudas habebant, alij qui cornua ; aliquos eciam uidimus uelut canes latratus emittentes.

In quadam regione, ut dicit Iacobus, cum bufonibus nascuntur pueri. Si quis autem sine bufone nascatur, mater eius tanquam adultera iudicatur, et quasi alienigena conceperit a marito repudiatur./

45vb In quibusdam regionibus, et maxime in extremis Burgundie partibus circa Alpes, quedam sunt mulieres

17. 155-158 habent... genera : *Liber Monstrorum* 24.68 ; HAUPT, 22.229.

18. 159-199 homines... bibunt : *Historia Orientalis*, c. 92, p. 214, 217-218.

guttur magnum usque ad uentrem protensum, tanquam anforam seu cucurbitam <vel> amplius habentes.

Homines eciam sunt tantas in dorso strumas habentes quod quicquid in augmentum corporum cedere deberet, gibbus absorbet, et propter hoc uelut nani parui sunt.

Ex mutis et surdis, muti et surdi infantes procreantur ; ex leprosis, leprosi sepe nascuntur. Non tamen ex cecis ceci, uel ex mutilatis mutilati uel ex monoculis monoculi.

Homines quidam siluestres in partibus orientis capti sunt in siluis, qui postquam inter homines ueniebant, manducare renuentes, moriebantur uel euadebant.

Homines eciam hermofrodite in Francia uisi sunt, masculini sexus et feminini.

Pomani carnes crudas comedunt et sanguinem equorum bibunt./

46ra Hominum [19] genus in silua est ubi Ethne montis incendium legitur, qui unum oculum sub asperrima fronte ad clipei magnitudinem habent, et dicuntur ciclopides ; hij tante altitudinis sunt ut procerrimarum arborum longitudinem excedant, et hij sanguine uescuntur. Visum est, ut legitur, quod unus eorum in antro resupinus iacens una manu duos uiros tenens crudos manducabat.

In occiduis [20] partibus puella reperta est (quam unde fluuiorum gurgites ab occeano terris aduexerant ignoratur uulneratam <in capite> atque mortuam),

---

/183 cucurbitam *C* : cuturbitam *A* : vel *Ed.*
/210 in capite *supplied from C.*

---

19. 200-207 hominum ... manducabat : *Liber Monstrorum* 12.65 ; HAUPT, 12.226.

20. 208-213 in occiduis ... clamide : *Liber Monstrorum* 15.66 ; HAUPT, 13.227.

que erat quinquaginta cubitorum in longitudine et inter humeros quatuor latitudinis habuit, purpurea induta clamide.

Herculis [21] magnitudinem miratur mundus, miratur et arma eius. Post deuictum mundum bellis ac sanguine, erexit in signum uictorie columpnas mire magnitudinis in occiduis Tyrreni Maris, ac post omnia moriturum se uidens, flammis se tradidit conburendum./

46rb Homines [22] quidam sunt orientis statura mediocri, et oculi eorum lucent ut lucerne ardentes.

Hominum [23] genus formosum ualde in oriente est iuxta occeanum et est causa quia carnes crudas et mel optimum comedunt.

Homines [24] preterea sunt in insula Brixantis fluuij qui absque capitibus nascuntur, quos Epiphagos appellant Greci, octo pedum altitudinis, et tota officia capitis in pectore gerunt nisi quod oculos in humeris habent.

Homines [25] quidam in Brixanti fluuio habitant corpora miri candoris habentes altitudinis xij pedum, facie bipartita et naso longo et corpore macilento.

Colosus [26] homo fuit monstruosus quem occisum Tyberis fluuius cooperire non potuit, et mare per

---

21. 214-219 Herculis ... conburendum : *Liber Monstrorum* 13.65 ; HAUPT, 12.226.

22. 220-221 homines ... ardentes : *Liber Monstrorum* 38.71 ; HAUPT, 36.232.

23. 222-224 hominum ... comedunt : *Liber Monstrorum* 28.69 ; HAUPT, 26.230.

24. 225-229 homines ... habent : *Liber Monstrorum* 26.68 ; HAUPT, 24.229. Brixantis : a mythical tributary of the Nile. The word is very rare, cf. PROBUS, *Catholica*, I, c. 21.

25. 230-232 homines ... macilento : *Liber Monstrorum* 22.68 ; HAUPT, 20.229.

26. 233-237 Colosus ... dicitur : *Liber Monstrorum* 3.63 ; HAUPT, 4.223-224.

multa spacia rubro sanguine infecit, ut dicit Adelinus. 46va Huius templum et statua <Rome> facta est,/que a nomine eius Colosus dicitur. Secundum quod Lucanus et multi alij testantur, constat in Theutonia gygantes [27] plurimos extitisse, ita quod a Theutano gygante maximo nomen Theutonia sortiretur, unde Lucanus [28] : 'Placabant sanguine Theucam.' Huius sepulchrum [29] iuxta Danubium fluuium in uilla que dicitur Sancti Stephani ad duo milaria propre Wienam in Austria nonnulli esse dixerunt, quod in longitudine nonaginta quinque cubitos continet, et in eo ossa posse uideri que omnem ammirationem humanam excedant. Testam uero capitis tante amplitudinis esse constat, ut aliquis [30] manu duos gladios cum capulis apprehendens eos uertat in capite, nec tamen attingat teste parietes. Dentes uero habent plus quam latitudinem palme. Hec tibi Wiena, ciuitas Austrie, in <ueritate> certa testabitur.

Explicit liber de Monstruosis Hominibus

/236 Rome *supplied from C.*
/237-252 *omitted by C.*
/252 ciuitate *A* : ueritate *Ed.*

27. A common belief. Cf. e.g. BARTHOLOMAEUS ANGLICUS, *De Proprietatibus Rerum,* tr. JOHN OF TREVISA, Westminister, 1495 : « the nacyons of Germania... haue huge bodies », Book XV, xiij.

28. « Et quibus inmitis placatur sanguine diro/Teutates horrensque feris, » *Bellum Civile,* I, 445.

29. The Viennese tomb of Theuto is referred to by JOHN OF COLMAR, O. P., *Descriptio Theutoniae* (1290), M.G.H., *Scriptores,* 17, p. 238. He may have borrowed this detail from Thomas but more probably both Dominicans drew upon a common source.

30. 248-250 ut aliquis ... parietes : The action is a little difficult to visualize : someone holding two swords pommel to pommel could sweep them around inside the skull without the sword tips anywhere touching its inner walls.

187vb INCIPIT LIBER DECIMUS NONUS, DE QUATUOR ELEMENTIS. PRIMO GENERALITER

1)

Generaliter primo dicendum est de quatuor elementis, et primo quidem distinguendum est qualis et quid sit mundus. Mundus est, ut dicunt philosophi, quasi undique motus. Est enim in perpetuo motu. Huius figura est in modum pile rotunda, sed instar oui [31] elementis distincta. Nam mundus undique celo ut testa circumdatur : celo uero purus ether, ut albumen ; etheri, turbidus aer, ut uitellum ; aere, terra, ut pinguedinis gutta includitur.

Creacio [32] mundi quinque modis scribitur. Vno modo, ante tempora secularia universitas mundi in mente diuina concipitur, que concepcio archetipus mundus dicitur. Vnde scribitur : 'quod factum est uita erat.' [33]

Secundo [34] cum ad exemplar archetipi hic sensibilis mundus in materia creatur sicut legitur : 'qui manet in eternum creauit omnia simul.'

Tercio [35] cum per species et formas sex diebus hic mundus formatur, sicut scribitur : 'sex diebus fecit Deus opera sua bona ualde.'

Quarto [36] cum unum ab alio, utputa homo ab homine, pecus a pecude, arbor ab arbore, unum-

---

Book XIX /1/7 uero *BC* : non *A*.
/1/15 exemplar *C* : exemplorum *AB*.

---

31. /1/6-9 oui . . . includitur : The idea of the world as an egg, with the heavens as the shell, ether as albumen, air as yolk, and earth as a drop of fat was a popular one with cosmologists. Cf. e.g. DANIEL OF MORLEY, *Liber de naturis inferiorum et superiorum*, ed. K. SUDHOFF, in *Archiv für die Geschichte der Naturwissenschaften und der Technik*, 8.1 (1917), p. 20.

32. /1/10-13 Creacio . . . dicitur : HONORIUS OF REGENSBURG, *De Imagine Mundi*, Bk. I, c. 2, *PL* 172, 121.

33. *Ioan.*, 1,3-4.

34. /1/15-16 Secundo . . . creatur : *De Imagine Mundi*, Bk. I, c. 2, *PL* 172, 121 : qui manet : *Eccl.*, 18,1.

quodque de semine sui generis nascitur, sicut dicitur : 'Pater meus usque modo operatur.'

Quinto [37] cum adhuc mundus innouabitur, sicut scribitur : 'ecce noua facio omnia.'

Elementa [38] dicuntur quasi yle ligamenta. Yle autem est materia. Sunt autem quatuor elementa ex quibus constant omnia, scilicet ignis, aer, aqua, terra, que in modum circuli in se reuoluuntur, dum ignis
188ra in aerem, aer/in aquam, aqua in terram conuertitur. Rursus terra in aquam, aqua in aerem, aer in ignem conuertitur. Hec singula propriis qualitatibus quasi quibusdam contrarijs conmiscentur. Nam terra, arida et frigida, frigide aque connectitur ; aqua, frigida et humida, humido aeri astringitur ; aer, calidus et humidus, calido igni associatur ; ignis, calidus et aridus, aride terre copulatur. Ex hijs terra utputa grauissimum imum, ignis utputa leuissimum supremum obtinet locum. Alia duo medium, quasi quoddam soliditatis uinculum tenent. Quorum aqua grauior terre proximum, aer leuior igni proximum possidet locum. Deputantur uero terre gradientia, ut homo et bestie ; aque natancia, ut pisces ; aeri uolancia, ut aues ; igni radiancia, ut sol et luna et stelle.

Celum [39] appellauere maiores ipsum celi firma-

/1/34 commutatur *BC* : conuertatur *A*.
/1/40 ymum *C* : unum *AB*.
/1/44 gradiencia *BC* : gradiancia *A*.
/1/55 ad se trahit *supplied from BC*.

35. /1/19-20 Tercio ... formatur : *De Imagine Mundi*, Bk. I, c.2, *PL* 172, 121 : sex diebus ... ualde : *Gen.*, 1,31.

36. /1/22-24 Quarto ... dicitur : *De Imagine Mundi*, Bk. I, c.2, *PL* 172, 121 : Pater meus : *Ioan.*, 5,17.

37. /1/25 Quinto ... innouabitur : *De Imagine Mundi*, Bk. I, c. 2, *PL* 172, 121 : ecce noua : *Apoc.*, 21,5.

38. /1/27-45 Elementa ... stelle : *De Imagine Mundi*, Bk. I, c. 3, *PL* 172, 121. On *hyle*, see J. C. M. van WINDEN, *Calcidius on Matter : His Doctrine and Sources*, Leiden, 1959, p. 31f.

39. /1/46-57 Celum ... trahunt : PLINY, *Historia Naturalis*, Bk. II, c. 38, 102-103.

mentum sub quo et ipse aer, qui inani similis uitalem hunc spiritum fundit, ut dicit Plinius. Hic fundit nubila atque nubes, hic tonitrus et fulmina, hic grandines, pruine, ymbres, procelle, turbines fiunt. Hic plurima mortalium mala et rerum nature pugnas secum habent. Terrena in celum tendencia deprimit syderum uis, eademque que sponte non sustolluntur <ad se trahit>. Siccantur amnes, ruunt grandines, torrent radij solis et terram undique inplent. Vapor ex alto cadit rursusque in altum redit. Tot animalium haustus spiritum e sublimi trahunt.

Proinde estates [40] et hyemes que in temporibus annua uice uoluuntur syderum motu fieri dubitetur ? Vt solis ergo natura annum intelligitur temperare, sic reliquorum quoque syderum propria quibusque uis est et ad suam cuique naturamque fertilis. Alia sunt 188rb in liquorem soluti humo/ris fecunda, alia concreti in pruinas aut coacti in niues aut glaciati in grandines, alia flatus teporis, alia uaporis, alia roris atque rigoris est. Igitur in suo queque motu naturam suam exercent.

Tria itaque corpora distinguntur : infimum, medium, supremum. Terra infima est et in centro posita, et ideo non mouetur. Medium, aqua uel aer uel ignis. Supremum uero celeste est. Sicut differunt corpora, ita differunt qualitates. In corpore infimo est opacitas ; in corpore medio, diafanitas ; in corpore supremo perspicacitas est.

/1/59 motu *C* : motum *AB*.
/1/62 naturam *BC* : naturamque *A*.
/1/63-64 concreti . . . coacti . . . glaciati *Pliny* : concreta . . . coacta . . . glaciata *ABC*.
/1/65 teporis *Pliny* : temporis *ABC*.

---

40. /1/58-66 estates . . . exercent : *Historia Naturalis.* Bk. II, c. 39, 105.

41. /2/2-16 Illa . . . parturit : *Historia Naturalis,* Bk. II, c. 63, 154-156.

2) **De Terra**

Terra elementum est accommodatissimum homini. Illa [41] enim hominem ut celum continet Deum aut angelos. Nos nascentes excipit, natos alit, semelque editos sustinet semper, nouissime conplexa gremio iam a natura elementorum reliqua pene abdicatos, tunc maxime nos ut mater operiens. Hec est sola que nunquam irascitur homini. Aque subeunt in ymbres, rigescunt in grandines, tumescunt in fluctus. Aer uero densatur nubibus, furit procellis. Hec autem terra mater semper benigna, mitis, indulgens usus, mortalibus semper ancilla, que coacta generat, que sponte fundit odores, sapores, colores, succosque, uel reliqua nature commoda, fenusque creditum seminum bona fide cum usura restituit. Ista medicas herbas fundit homini et, breuiter dicens, semper quod necesse est parturit.

Proinde queritur de forma eius, si plana pateat terra, si semicirculata ac cumulata, ut discus inuersus. Nomine ipsa respondet : orbis enim rotundum indicat, ideoque quasi globum [42] celo includi remota omni dubietate fatemur. Contra [43] siti, tanquam non ratio
188va presto sit, ut nos non / decidere miremur, multis interuenit obiectio. Quibus respondere possumus quod sicut [44] ignium sedes non est nisi in ignibus, aquarum nisi in aquis, spiritus nisi in spiritu, sic terre, arcentibus cunctis, nisi in se locus non est. Cingitur ergo celo in formam [45] orbis assidua circa eam mundi astrorumque uolubilitate cogente. Terre [46] forma est ro-

/2/21 siti *Pliny and C* : situm *AB*.

42. /2/20-21 globum ... fatemur : *Historia Naturalis*, Bk. II. c. 64. 160.

43. /2/21-23 Contra ... interuenit : *Historia Naturalis*. Bk. II, c. 65, 161.

44. /2/24-26 sicut ... est : *Historia Naturalis*, Bk. II, c. 65, 162.

45. /2/27-28 in formam ... cogente : *Historia Naturalis*, Bk. II, c. 64, 160.

46. /2/28-39 Terre ... sustentatur : *De Imagine Mundi*, Bk. I, c. 4, *PL* 172, 122.

tunda, unde et orbis est dicta. Si enim quis in aere positus eam desuper inspiceret, tota enormitas montium et concauitas uallium minus in ea appareret quam digitus alicuius si pilam pregrandem in manu teneret.

Circuitus autem terre centum et octoginta milia stadiorum mensuratur, que in duodecies mille miliaria et quinquaginta duo computantur. Terra quasi centrum in medio mundo, ut punctus in medio circuli equaliter collocatur, et nullis fulcris sed diuina potencia sustentatur, ut legitur : 'Qui suspendit terram in nichilo. Fundata est hec super stabilitatem suam' [47] sicut [48] aliud elementum occupans sue qualitatis metam.

Et uide exemplum quomodo hoc fieri potest. Accipe uas spericum in modum cacabi ex omni parte rotundi. Ipsum ergo uas inter duo ligna fixa tali modo suspendas per axes ut rotari manu possit uelocissimo impetu, et ipsi uasi lapidem imponas, lignum rotundum pariter et lanam conglobatam. Vt ergo uas uelocissime rotaueris, uidebis manifeste sine aliquo fulcimento lapidem quietum suspendi in medio uase. Lignum uero quod leuius est ferri circa lapidem uidebis et lanam leuissimam circa lignum. Per lapidem, ergo, terram intelligas, per lignum quidem leuius humidum aerem, per lanam uero firmamentum in quo stelle fixe sunt, et quia est leuissimum euidenter accipias. Quanto ergo plus a terra recedunt supera tanto leuiora sunt.

188vb Hec terra / in circuitu [49] occeano in limbo cingitur. Vnde Psalmus : 'abyssus [50] sicut uestimentum amictus est.' Interius meatibus aquarum ut corpus

47. /2/39-40 qui suspendit... nichilo: *Iob.* 267 : Fundata... suam : *Ps.,* 103.5.

48. /2/41 *De Imagine Mundi,* Bk. I, c. 4, *PL* 172, 122.

49. /2/58-59 circuitu... cingitur: *De Imagine Mundi,* Bk, I, c. 5, PL 172, 122.

50. /2/59-63 Abyssus: *Ps.,* 103,6: Interius... reperitur: *De Imagine Mundi,* Bk. I, c. 5, *PL* 172, 122.

uenis sanguinis penetratur, quibus ariditas ipsius ubique irrigatur. Vnde ubicunque terra infoditur, aqua reperitur.

Quinque [51] autem zonis, id est, quinque circulis, terra distinguitur. Quorum duo extremi sunt inhabitabiles algore, medijs inhabitabilibus calore, a quibus sol numquam recedit, ad illos numquam accedit. Medij autem duo habitabiles, hinc ardore, hinc frigore temperati. Verbi gratia, si ignis in hyeme sub diuo accenditur, quinque lineas efficere uidetur : unam in medio feruidam, duas circum gelidas, duas inter has temperatas. Qui si sicut sol circuiret, nimirum quinque circulos redderet. Ex hijs circulis primus septemtrionalis, secundus solsticialis, tertius equinoctialis, quartus brumalis, quintus australis nominatur. Sed solus solsticialis inhabitari a nobis noscitur. Habitabilis [52] zona que a nobis incolitur in tres partes Mediterraneo mari diuiditur, quarum una Asia, altera Europa, tercia Affrica dicitur.

Ysidorus : Terra est corpus substantialiter et multiplicitate frigidum et siccum [53]. Terra [54] est in media mundi regione omnibus partibus celi in modum centri equaliter interuallo consistens. Grauissima est [55] et ideo obtinet nouissimum locum, quia a nullo elemento sufferi potest, ut dicit Beda, [Ysidorus]. 'Fundata est super stabilitatem eius.' [56] Et sicut de nichilo facta est, ita sedes et positio in seipsa est et in nulla alia re. Magis est passibilis et mutabilis inter omnia elementa,

/2/62 terra *C* : terre *AB*.
/2/69 temperati *C* : intemperati *AB*.

51. /2/64-77 Quinque . . . noscitur : *De Imagine Mundi*, Bk. I.c. 6. *PL* 172, 122.
52. /2/77-79 Habitabilis . . . dicitur : *De Imagine Mundi, Bk.* I, c. 7, *PL* 172, 122.
53. Not in Isidore.
54. /2/81-83 Terra . . . consistens : *ISIDORE, Etymologiae*, Bk. XIV.1.1.
55. /2/83-85 Grauissima . . . potest : BEDE, *De Natura Rerum*, c. 4, *PL* 90, 195.
56. *Ps.* 103,5.

et ideo terra [57] a terendo dicitur. Vndique mari circumdatur, unde ab humore humus dicitur. Circularem et rotundam formam in modum circuli habet. Omnia
189ra cibat et sustentat uniuersa ;/unde a tollendo tellus dicitur [58] quia fructus eius tollimus. Naturaliter est frigida et arida. Vnde dicitur arida. Omnia ponderosa feruntur ad terram sicut ad centrum, unde eciam solum dicitur [59].

Nisi ab humiditate aque per occultos meatus penetraretur, propter siccitatem suam in puluerem redigeretur et destrueretur, sicut dicit Beda [60]. Miscibilitatem non ex sui natura sed ex aque contiguitate habet[61] . Philosophus : quando [62] frigore circumstringitur, humores accipit. Cum calore soluitur in nebulam, humorem receptum emittit. Beda : aqua marina per meatus terre colata dulcis efficitur [63]. Mire fecunditatis terra, nec enim quicquam crescere potest nisi in terra. Exterius despecta est, tamen intra se continet preciosa metalla. Diffinitur autem a philosopho sic : terra [64] est corpus simplum cuius locus naturalis in medio consistit, in quo naturaliter manet quieta, et ad ipsum cum mota fuerit mouetur naturaliter. Generatis iuuamentum prestat.

/2/101 quando *BC* : qui *A*.
/2/119 septemtrionalis *C and Johannitius* : septem *A* : vij *B*.

---

57. /2/89-90 terra... humore : This line echoes ISIDORE, *Etymologiae,* Bk. XIV.1.1.

58. This phrase echoes ISIDORE, *Etymologiae,* Bk. XIV.1.1.

59. This phrase echoes *De Imagine Mundi,* Bk. I, c. 4, *PL* 172, 122.

60. This line echoes BEDE, *De Natura Rerum,* c. 44, *PL* 90, 262-263.

61. This line echoes *De Natura Rerum,* c. 4, *PL* 90, 196.

62. /2/101-103 quando... emittit. Beda. : I have not been able to find this passage in Bede's works.

63. This line echoes WILLIAM OF CONCHES, *De Philosophia Mundi,* Bk. III, c. 17, *PL* 172, 82.

64. /2/108-111 terra... prestat : AVICENNA, *Liber Canonis,* I, fen 1, Doctrina ii in *Articella,* Venice, 1507, sig. 0/5r.

Terrarum[65] quatuor sunt modi, ut dicit Iohannicius : altitudo, profunditas, uicinitas montium et maris, equalitas terre. Istis quatuor differunt sibi inuicem terre. Nam altitudo frigiditates, profunditas hijs contraria reddit. Vicinitas montium ex parte meridiana terram reddit frigidam, nam montes calidis obstant uentis meridiani. Septemtrionales uenti frigidis flatibus ipsam expetunt. Si uero septemtrionalis montes habuerit, superiori terre contraria erit. Terra si fuerit petrosa, frigida et sicca erit. Si pinguis et crassa, calida et humida. Lutea autem frigida et humida erit, nisi ex accidenti uentis contrarijs aliter disponatur.

Terra in inicio dispositionis sue rotunda fuit et plana, in qua non erant montes et ualles. Sperice[66] enim forme fuit. Iohannes Damascenus : terra est
189rb elementum frigidum et siccum, / de non ente ad ens primo die deductum.

/2/126 Damascenus *BC* : Damadenus *A*.

---

65. /2/112-122 Terrarum ... humida erit : JOHANNITIUS, *Isagoge*, c. 25 in *Articella*, sig. B iij. Johannitius (Hunayn Ibn Ishak), 809-877, a Nestorian Christian physician who translated a number of Galenic treatises into Arabic. See Max MEYERHOF, *New Light on Hunain Ibn Ishâq and his Period*, in *Isis*, 8 (1926), p. 685-724. The *Isagoge*, an introduction to the *Ars Parva* of Galen was extremely popular through the sixteenth century. *Articella* was a collection of basic medical treatises ; probably Thomas had access to Avicenna. Johannitius, and John Damascene (cf. 2/126) through it than through MSS of these authors. Superiori terre : Apparently, if the northern region (sc. terra) does in fact have mountains, then it will be the opposite to *superiori terre*, i.e., opposite to the land beyond it, i.e., further north on the exposed side of the mountains.

66. /2/125-128 Sperice ... deductum : JOHN DAMASCENE, *De Fide Orthodoxa*. Extracts appeared in *Articella*. Thomas could have known John's work from this source or from the Latin translation by Burgundio of Pisa (1153-54), ed. Eligius M. BUYTAERT, O. F. M., St. Bonaventure, N. Y., 1955, ch. 24.1, p. 102 and ch. 24.6, p. 105.

Marcianus [67] : terra, marcessentibus seminibus in hyeme, mediante aere calorem ab ethere mutuante, fomentum recipit et fecunditatem.

In uere floribus et herbis et arboribus ornatur terra, ut uestibus foliorum arbores, quibus omnibus in hyeme spoliatur. In uisceribus terre et in arenis gemme preciose inueniuntur [68]. Intra uiscera terre ignis includitur, qui per diuersa loca erumpere perhibetur, uenisque sulphureis et alluuiosis nutritur. Vbicumque [69] in terra, dicit Palladius, sulphuris uene sunt, ibi cum maximo periculo profunditates et putei fodiuntur. Nam a sulphure inmanes euaporationes nascuntur, que cum per interuenia terre fistulosa perueniunt ad fossionem puteorum obturantes spiritus animales fodientes extingunt, nisi [70] quis fuge sibi uelocitate succurrat. Prius ergo quam descendatur ad infima, in eis locis lucernam ponas accensam. Que si extincta non fuerit, periculum non timebis. Si uero extinguetur, cauendus est locus, quem spiritus mortifer occupauit. Fodias ergo ex utraque parte duo foramina que estuaria dici possunt per que nociuus spiritus euaporet. In tempore siccitatis finditur terra, et rimas et cauernas aperit. In tempore uero humiditatis clauditur.

/2/142 obturantes *B :* obtinantes *A*.

67. /2/129-131 Marcianus ... fecunditatem : This quotation does not appear in Martianus or in his commentators : John the Scot, Remigius of Auxerre, Martin of Laon, or Alexander Neckam. A gloss by John the Scot, however, is somewhat similar. « Terra quippe ... et nutrit. » Cora E. LUTZ, ed., *Iohannis Scotti Annotationes in Marcianum,* Cambridge, Mass., 1939, I,5.14, p. 6-7.

68. /2/132-135 In uere ... inueniuntur : Remigius glosses Martianus : « superficies terrae herbarum et florum vestitur et tegitur ... copia sive numerus gemmarum ... in visceribus terrarum vel in arenis colliguntur. » Cora E. LUTZ, ed., *Remigii Autissiodorensis Commentum in Martianum Capellam Libri I-II,* Leiden, 1962, I.38.13-14, p. 127.

69. /2/138-143 Ubicumque ... extingunt : These lines echo PALLADIUS, *Agricultura,* Bk. IX, c. 8, ed. J. C. SCHMITT, Leipzig, 1899, p. 194.

70. /2/143-150 nisi ... euaporet : *Agricultura,* Bk. IX, c. 8, p. 194 ; c. 9, p. 195.

Terra [71] est in media mundi regione posita, equali interuallo consistens ; que singulari numero totum orbem significat, plurali numero singulas partes. Cuius nomina diuersa dat ratio. Naturalis proprietas siccitas est terris. Nam ut humida sit, hoc aquarum affinitate sortitur. Cuius motum alij dicunt uentum esse in concauis, eiusque motus eam mouet. Alij aquam dicunt generalem in terris moueri et eas simul concutere sicut uas, ut dicit Lucretius. Alij dicunt fundum eandem
189va terram, cuius / plerumque latentes ruine superposita cuncta concuciunt. Terre quoque iactus motus aut motu inferioris aque fit aut crebris tonitruis aut de concauis terre erumpentibus uentis.

Terra quidem eciam dicitur orbs a rotunditate circuli, quia sicut rota est ; unde breuis eciam rotella orbiculus dicitur. Vndique enim occeanus circumfluens eius in circulo ambit fines. Diuisus est autem in triphariam, e quibus una pars Asya, altera Europa, tercia Affrica nuncupatur. Quas tres partes orbis ueteres non equaliter diuiserunt. Nam Asya a meridie per orientem usque ad septemtrionem peruenit. Europa uenit a septemtrione usque ad occidentem ; atque inde Affrica ad occidente usque ad meridiem. Vnde euidenter due orbem dimidium tenent, Europa et Affrica, alium uero dimidium sola Asya.

De terra Palladius dicit : in terris [72] quidem est querenda fecunditas ne alba et nuda sit gleba, ne macer sabulo sine admixtione terreni, ne creta sola,

---

/2/169 circumfluens *BC :* cirofluens *A.*
/2/168-169 circumfluens *BC* : cirofluens *A.*

---

71. /2/153-177 Terra ... Asya : ISIDORE OF SEVILLE, *Etymologiae,* XIV.1.2 : Lucretius actually says that the earth is often shaken by a wave of water « ut vas interdum non quit constare, nisi umor/ destitit in dubio fluctu iactarier intus, » which causes earthquakes. *De Rerum Natura,* VI, 535-556.

72. /2/178-217 in terris ... seniorum : *Agricultura,* Bk. I, c. 5, p. 5 ; c. 6, p. 7-11 ; I, c. 34, p. 36 ; I, c. 6, p. 10, p. 6./cum altitudine : test the soil by digging to a depth of two feet.

ne arene squalentes, ne arida glarea, id est minutis lapillulis plena, ne aurosi pulueris lapidosa macies, ne salsa uel amara, uel uliginosa terra, ne tofus arenosus atque ieiunus, ne uallis nimis opaca et solida. Color non magno opere querendus est, sed pinguedo atque dulcedo. Pinguem sic agnosces. Glebam parvulam dulci aqua consparge et tere digitis. Si glutinosa est et adheret, constat illi inesse pinguedinem. Notamdum est autem quod presentia domini prouectus est agri. Terris tuis experta committe. In nouo enim genere seminum ante experimentum non est spes tota ponenda [est]. Locis humidis semina citus quam siccis degenerant. Omnia legumina a Grecis ceri iubentur in sicca terra : faba tamen in humida terra spargi debet. In agro periclitantur interiora, nisi coluntur extrema. Omne triticum in solo uliginoso post 189vb terciam / sationem in genus siliginis commutatur. Fecundior est exiguitas culta quam magnitudo neglecta. Ortus, qui celo clementi subiacet et fontano humore percurritur, prope est ut uber sit et nullam serendi disciplinam requirat. Terre fecunditatem cum altitudine, si ad frumenta, duobus pedibus explora, quatuor uero, si ad arbusta uel uites. Omnia que seruntur, crescente luna et diebus tepidis sunt serenda. Nam tepor euocat, frigus includit. Frumentum collis quidem grano robustius, sed mensure minus refundet. Ager aquosus plus stercoris querit, siccus minus. Frumenta omnia maxime letantur patenti campo et soluto et ad solem reclini. Spissa et cretosa et humida terra bene far et triticum nutrit. Hordeum soluta delectatur et sicca : nam si in lutoso agro spargitur, moritur. Calidis regionibus et autumpnalis satio serior fieri potest et uerna maturior. Modum tene estimatis facultatibus tuis in assumptione culture, ne superatis uiribus tuis

---

/2/192 locis *B* : lucis *A*.
citus *B* : citis *A*.
/2/195 interiora *Palladius* : exteriora *AB*.
/2/203 uites *B* : uires *A*.

excedente mensura turpiter deseras quod arroganter assumis. In rebus agrestibus maxime officia iuuenum congruunt, imperia seniorum.

3) **De Terre Motu**

Terre motum quoque consideremus, quomodo aut qua occasione frequenter fiat. Iacobus : terre [73] motus periculosi ualde et horribiles non solum in partibus orientis sed et in Europa frequenter fiunt, et hoc maxime circa partes maritimas. Et hec terre motus causa secundum philosophos : uenti [74] concauis locis inclusi dum erumpere gestiunt terram horribili fragore concuciunt eamque tremere faciunt. Que [75] dum resistere non ualet, impulsibus rumpitur et fit immensus hyatus terre. Et hanc ob causam quandoque ciuitates absorte sunt in abbyssum. Quando uero non rumpitur terra, tam uehementi spiritu procellarum concitatur et impellitur terra quod ciuitates cum
190ra muris / et turribus et alijs edificijs subito corruentes suffocant et opprimunt homines inprouisos. Ex huiusmodi concussione Tyrensis ciuitas postquam in manus Latinorum uenit cum habitatoribus eius fere penitus est deleta.

Et notandum quod hoc est in terra tremor quod in nube tonitruum. Hic hyatus [76] facit quod ibi fulmen. Fiunt autem cum terre motu inundationes maris,

---

/2/216-217 iuuenum congruunt, imperia *B* :iue num construcitur imperta *A*.
/3/6 locis *BC* : loci *A*.
/3/8 tremere *BC* : temere *A*.

---

73. /3/2-5 terre . . . maritimas : JACQUES DE VITRY, *Historia Orientalis*, c. 84, p. 165.

74. /3/6-8 uenti . . . faciunt : *De Imagine Mundi*, Bk. I, c. 42, *PL* 172, 134.

75. /3/8-18 Que dum . . . deleta : *Historia Orientalis*, c. 84, p. 165-166.

76. /3/20-33 hyatus . . . accendat : *De Imagine Mundi*, Bk. I, c. 43, *PL* 172, 134./insularum dicunt undis nutriri : Thomas' source associates here Etna and Gehenna with the volcanic Eolian Isles off Sicily ; their fires were believed to feed on the waves.

eodem uidelicet spiritu infusi uel residentes sinu recepti. Vnde tellus Cecilie, quia cauernosa ac sulphure et bitumine strata uentis pene tota et ignibus patet, spiritu introrsus cum igne decertante, multis sepe locis fumum uel uapores aut flammas eructat, uel eciam uento acrius incumbente harenarum lapidumue moles egerit. Inde montis Ethne ad exemplum Gehenne ignium tam diuturnum durat incendium quod insularum dicunt undis nutriri dum aquarum concursus spiritum in imum profundum secum rapiens, tam diu suffocat donec uenis tere diffusus fomenta ignis accendat.

4) **De Aqua**

Aqua secundum elementum est. Vt dicit Ysidorus, aqua ab equalitate dicitur [77]. Huius, ut dicunt philosophi [78], immensa profunditas dicitur abyssus, quasi absens fundus. Habet tamen fundum, quamuis nimis profundus sit. Occeanus [79] dicitur quasi ocior annis, uel quasi zonarum limbus ; quinque enim zonis mundum in modum limbi ambit.

Estus [80] occeani, id est accessus et recessus, lunam sequitur, cuius aspiracione retro trahitur, eius impulsu refunditur. Cotidie autem bis effluere et remeare uidetur. Cum luna crescente crescit ; decrescente decrescit. Cum luna est in equinoctio, maiores occeani

---

/3/32 uenis *BC* : uerus *A*.
diffusus *C* : diffusis *AB*.
/4/6 zonis *BC* : modis *A*.

---

77. ISIDORE OF SEVILLE, *Etymologiae,* XIII, 12.1.

78. /4/2-5 Huius . . . sit : *De Imagine Mundi,* Bk. I, c. 38, *PL* 172, 133.

79. /4/5-7 Occeanus . . . ambit : *De Imagine Mundi,* Bk. I, c. 39, *PL* 172, 133./zonarum limbus : The reference is to Macrobius' conception of the world as divided into five climatic zones in his *Commentary on the Dream of Scipio,* ch. 5. Mappaemundi often showed the world disk thus divided encircled by the ring of ocean.

80. /4/8-16 Estus . . . reuertitur : *De Imagine Mundi,* Bk. I, c. 40, *PL* 172, 133.

fluctus surgunt ob uicinitatem lune ; cum in solsticio est, minores, ob longinquitatem eius. Per decem et
190rb nouem annos ad principia motus et ad paria / incrementa ut luna reuertitur.

Ampotis [81] quoque, id est uorago, in occeano in exortu lune maiori estu fluctus inuoluit et reuomit. Hec autem uorago, que totas aquas et naues absorbet et reuomit, ista de causa fit : est in terra abyssus que profundissima est, de qua scribitur 'rupti sunt omnes fontes abyssi magne.'

Occeanus [82] fluuiorum cursu non augetur, quia fluenta dulcia partim salsis uadis consumuntur uel uento aut ardore solis accipiuntur partim per occultos meatus in suos amnes reuertuntur. Idcirco perdurat salsus tot fluminibus ac fluuijs irrigatus, quia exhausto a sole dulci liquore, quem facilius ignea uis trahit, omnis asperior et crassior relinquitur. Ideo summa maris unda est dulcior ; profunda, amarior. Lune autem alimentum est in dulcibus aquis ; solis uero in amaris.

Mare [83] Rubrum de occeano exit, sed roseum colorem a terra trahit, que tota sanguineo colore rubet ac uicina inficit littora. Mare dicitur eo quod sit amarum, sed hoc per uenas terre occultis meatibus discurrens amaritudinem in terra deponit et dulce in fontibus erumpit, in se iterum fluens ut scribitur : 'ad locum unde exeunt flumina reuertuntur ut iterum

/4/12 maiores *corr. after Honorius : maioris AB : omitted by C* : surgunt *corr. after Honorius* : surgit *ABC*.
/4/13 solsticio est *BC* : solstitior *A*. minores *corr. after Honorius* : minor est *ABC*.
/4/20 est *BC* : et *A*.
/4/24 consumuntur *C* : consumitur *AB*.
/4/27 salsus *C* : solus *AB*.
salus *C* : solus *AB*.

81. /4/17-21 Ampotis . . . est : *De Imagine Mundi,* Bk. I, c. 41, *PL* 172, 134. rupti sunt : *Gen.,* 7,2.

82. /4/23-32 Occeanus . . . amaris : *De Imagine Mundi,* Bk. I, c. 45, *PL* 172, 134-35.

83. /4/33-38 Mare . . . fluens : *De Imagine Mundi,* Bk. I, c. 46, *PL* 172, 135./ad locum : *Eccl.,* 1,7.

fluant.'

Dicitur [84] tamen a quibusdam philosophis quod aque natura sit duplex : scilicet salsa et dulcis. Salsa est maris et grauior est ; dulcis fluminum uel fontium et leuior est. Et cum legatur quod Deus fontem in Paradyso produxit et in quatuor diuisum fluminibus totam terram in quatuor partibus mundi diriuari precepit, dicitur quod erupcio omnium fontium uel fluuiorum dulcis aque de illo fonte uel eius fluuijs decurrat et in abyssum, matricem eiusdem fontis, refluat : que licet uniuersa mare influat, amaris tamen aquis / 190va non admiscetur sed utputa leuis super graues aquas labitur et in occultum cursum suum reuertitur. Hinc est quod mare non redundat quamuis ipsum omnia flumina intrant, et quod suprema maris unda non est tantum amara quam ea que in imo posita est.

Quod fontes in hyeme sunt calidi et in estate frigidi hec est causa. In estate calor aeris repellit frigus in terram et inde fit aqua frigida. In hyeme uero frigus aeris pellit calorem in terram, et inde fit aqua calida.

Et [85] cum omnis aqua aut dulcis sit aut salsa, uidendum tamen est unde quedam erumpat calida et putida. Sunt quidam specus subterranei naturaliter sulphure pleni. In hijs cum uentus concipitur, eius aflatu sulphur accenditur ; quod incendium eructuant eciam quedam loca, ut fit in Cicilia. Cum ergo aqua per ignea loca currit, calorem ex igne, putorem ex sulphure trahit. Et si prope locum hunc erumpit, et in flammiuomam aquam ebullit ; si autem longius

/4/27 irrigatus *C* : irrigans *A* : irrigatis *B*.
/4/46-47 precepit *C* : preceperit *B* : percepit *A*.
/4/54 intrant *B* : intrent *C* : irritent *A*.
/4/65 incendium *BC* : inceditur *A*.
/4/66 fit *C* : sit *A* : *omitted by B*.
/4/68 erumpit *C* : erumpunt *AB*.
/4/69 flammiuomam *BC* : flammi nomina *A*.

84. /4/41-60 Dicitur ... calida : *De Imagine Mundi*, Bk. I, c. 47, *PL* 172, 135.

85. /4/61-70 Et cum ... frigescit : *De Imagine Mundi*, Bk. I, c. 48, *PL* 172, 135.

recesserit, uix tepescit, deinde penitus frigescit.

Sunt [86] alia loca plena serpentibus que uicinam aquam inficiunt, que dum de terra exurgit bibentes interimit, ut fons Strix fecit.

Et notandum [87] quod aqua Maris Mortui non mouetur a uentis et in se nichil uiuere patitur. Fit autem ex fontibus bituminis ex quibus edificata est Turris Babel in campo magno Sennaar. Bituminis autem natura resistit aquis, et non diuiditur nisi menstruo sanguine.

Pisces [88] et aues nonnulle ideo in aquis commorantur, quia de hijs facta leguntur. Quod autem aues in aere uolant et in terra habitant, ideo fit quia aer est humidus ut aqua, et terra est aqua permixta. Quod autem quedam animalia de terra creata in aqua pos- /
190vb sunt morari, ut sunt cocodrilli et ypotami, hoc ideo fit quia aqua est terra ualde permixta.

Vt dicit Experimentator, aqua est frigida et humida. Que de lapide manat leuior est et limpidior. Ventrem et urinam prouocat ; cocta multum medetur. Inter [89] omnes aqua pluuialis ualet quia leuis est et dulcis. Facile digeritur, cito calefacit et cito infrigidat, fluxum uentris stringit. Que ad ortum solis uel meridiem et de montibus calidis exit, hec propinquat aque pluuiali. Que uero contra occidentem uel septemtrionem pessima est ; petram enim in uesica et in

/4/77 Sennaar *BC* : Semnaar *A*.
/4/91 digeritur *C* : degeritur *B* : dirigitur *A*.
/4/93 exit *BC* : excite *A*.

86. /4/71-73 Sunt alia... fecit: *De Imagine Mundi*, Bk. I, c. 49, *PL* 172, 135.

87. /4/74-79 Et notandum... sanguine: *De Imagine Mundi*, Bk. I, c. 50, *PL* 172, 135. The last sentence echoes PLINY, *Historia Naturalis*, Bk. VII, c. 15, 63-66 on the remarkably corrosive power of menstrual blood.

88. /4/80-86 Pisces... permixta: *De Imagine Mundi*, Bk. I, c. 51, *PL* 172, 136.

89. /4/90-95 Inter omnes... pessima est. Experimentator here seems indebted to the Latin version of Hippocrates' *Airs, Waters, Places* in *Articella*, c. 4. On the translator, see Pearl KIBRE, *Hippocratic Writings in the Middle Ages*, in *Bulletin of the History of Medicine*, 18 (1945), p. 394.

renibus creat ; mulieres eciam steriles facit, et corpori torporem infert, et rigore nimio menstrua stringit, inhibet egritudini sudorem. Ventris fluxum et nauseam prouocat. Aqua salsa uirtutem habet similem sali.

Aqua communis est. Sordes lauat. In imis fluit. Alueum suum non deserit. In mari reuertitur. Diluuium sequitur. Terre permixta est. Lutum facit. Pauperum potus est. Clara est. Habetur pro speculo. Vestigium nauis non retinet. Ignem extinguit. Sitim sedat. Quedam est laxatiua, quedam constrictiua, quedam alteratiua.

De aqua Palladius dicit. Aque [90] postremo salubritas ut dicit Palladius sic agnoscitur. Primum ne a lacunis uel palude ducatur, ne de metallis originem sumat, quia hec maxime viciosa est. Et hoc signum eius si talis est : supernatat ei quasi flos colore purpureus et hec podagricos facit. Debet autem esse aqua bona coloris [91] perspicui que nullo aut sapore aut odore uel colore uicietur, nullus illi limus insideat, frigus tepore suo mulceat, estatis incendia moderetur. Celestis aqua ad bibendum omnibus antefertur. Salutare ergo erit per canales fictiles duci et opertis immeare cysternis, illa tamen maxime que maio uel
191ra iunio mense pluit. Aque pu/teum fossurus in alto ut aquam reperire poteris sic probatis. Vellus [92] lane super terra stratum operies et si tantum colligit humoris ut alia die fundat expressum copias inesse tes-

/4/115 tepore *Palladius* : temport(?) *B* : tempore *A*.
/4/117 canales *B* : carnales *A*.
/4/123 probabis *B* : probabilis *A*.
/4/124 maculam *B* : macula *A*.
probabilis *Palladius* : probabis *B* : probalis *A*.

90. /4/107-110 Aque ... sumat : PALLADIUS, *Agricultura*, Bk. I, c. 4, p. 4.
91. /4/113-118 coloris ... cysternis : *Agricultura*, Bk. I, c. 17, p. 21.
92. /4/120-123 Vellus ... testabitur : *Agricultura*, Bk. IX, c. 8, p. 194.

tabitur. Aquam [93] nouam sic probabis : in uase eneo nitido aquam spargas et si maculam non fecerit probabilis indicatur. Item si legumina cicius ualebit excoquere melior estimatur.

5) **De Aere**

Aer tercium elementum est. Aer [94] est omne quod inani simile a terra usque ad lunam conspicitur, de quo uitalis spiritus hauritur. In hoc commorantur demones quorum ordinem et naturam in Tymeo Plato diffinit. Tercius [95] ordo, inquit, in hac humecta parte aeris animal rationale, immortale, patibile, cuius est officium inuidere et ex inuidia insidiari. Hos nominat cacodemones, id est, malum scientes. Hij igitur in aere isto inferiori et caliginoso cum tormento [96] diem iudicij prestolantes ex eo corpora sibi sumunt dum hominibus apparent. Est enim quodam modo crassus et terra, aqua, igne permixtus. Verumptamen illa corpora que ex aere sumunt demones, licet citissime liquabilia sunt, durum tamen et molle, asperum et leue sentitur in eis et hoc fit ex contrarijs elementis simul mixtis. Aliter enim non reciperent sonum unde ad eos quibus apparent uerba formantur. Ex aere et in aere fiunt uenti, niues, grandines, pluuie, tonitrua atque choruscationes. Patitur enim ex contrarietate et uehemencia elementorum. In hoc fiunt corruptiones unde infirmitates et pestilencie generantur.

Hee sunt proprietates aeris secundum Experimentatorem. Aer [97] est rarus, leuis, mobilis, auibus peru-

/4/125 legumina *B* : ligumina *A*.
/5/12 terra *BC* : terin *A*.
/5/12 permixtus *BC* : peruicetus *A*.

93. /4/123-126 Aquam ... excoquere : *Agricultura,* Bk. IX, c. 10, p. 195.

94. /5/1-3 Aer ... hauritur : *De Imagine Mundi,* Bk. I, c. 53, *PL* 172, 136.

95. /5/5-8 Tercius ... scientes : WILLIAM OF CONCHES, *De Philosophia Mundi,* Bk. I, c. 18, *PL* 172, 47.

96. /5/9-11 cum tormento ... apparent : BEDE, *De Natura Rerum,* c. 25, *PL* 90, 245.

97. /5/23-24 Aer est rarus : Cf. ALEXANDER NECKAM, *De Laudibus Divinae Sapientiae,* ed. T. WRIGHT, *De Naturis Rerum,* rp. Nendeln, 1967, Distinctio Quarta, 1. 17 : « Mobilis, humidus est, levis, et spirabilis aer », p. 420.

ius. Facile corrompitur. Spiraculum est uiuencium quod nubibus obscuratur, sole illustratur. Hyeme condensatur. Vento agitatur. Estate serenatur. Nubilosus significat pluuiam. Aer circa paludosa loca et
191rb hu/mida condensatur et facillime corrumpitur circa montes uero subtilis nimium et penetrabilis ; medijs autem locis que non sunt nimis alta uel demissa, optimus est.

Postremo aeris serenitatem declarant [98] loca ab infimis uallibus libera et nebularum noctibus absoluta et habitorum considerata corpuscula, si eis color sanus, capitis firma sinceritas, inoffensum oculorum lumen, purus auditus, fauces conmeatum liquide uocis exercent. Hoc genere benignitas aeris approbatur. Hijs autem contraria noxium celi illius spiritum, id est aerem, confitentur. Hec sunt uerba Palladij in libro de Agricultura. At quoniam de passionibus aeris multa diximus, ad quartum elementum ignis citius transeamus.

6) **De Igne**

Ignis quartum elementum est. Ignis calidus est et siccus. Rutilat. Ad calorem trahit illa que in eo ponuntur. Sursum tendit et quanto maior est tanto altius ascendit. Splendorem emittit. Fumum generat. Calorem emittit. Ligna consumit. Attractiue nature est. Cibos decoquit. Materiam sequitur.

Effectus ignis possunt uideri per duos uersus :

Destruit, emmollit, restringit, consolidatque,
Clarificat, terret, accendit, letificatque.

Possunt autem et hec adaptari igni qui est Spiritus Sanctus, de quo Dominus : 'ignem ueni mittere in terram, et quid uolo nisi ut ardeat ?' [99]

/5/33 infimis *B and Palladius*: infirmis *A*.
/5/37 benignitas *B and Palladius*: benignitatis *A*.

98. /5/32-39 declarant ... confitentur : PALLADIUS, *Agricultura*, Bk. I, c. 3, p. 4.
99. *Lc.*, 12,49.

Primo destruit ignis Spiritus Sancti et hoc rubiginem peccatorum. Vnde dicitur 'Deus noster ignis consumens est.' [100]

Sequitur, emollit : dura scilicet, sicut ligna et lapides et ferrum. Eze. : 'auferam a uobis cor lapideum,' [101] et cetera.

Sequitur, restringit fluida per luxuriam sicut sol facere solet, qui est fons caloris. Sapiencia : 'ortus est sol,' id est, fons caloris, 'et arefecit terram,' [102] Ieremias : 'adhuc ornaberis tympanis tuis, uirgo Israel.' [103]

Sequitur, consolidatque : materias scilicet duras, sicut es et ferrum uel uasa fictilia. Vnde illud : 'uasa figuli probat fornax.' [104]

Sequitur, uel consolidat, id est, reparat corpus
191va post laborem itineris quo utique/ nerui relaxantur.

Sequitur, clarificat : tenebras scilicet, uel clarificat, id est depurat aerem. Genesi dicitur quod diuisit lucem a tenebris : 'uidit lucem quod esset bona, diuisitque lucem a tenebris.' [105]

Sequitur, terret : peccatores scilicet. Vnde in Actibus : 'facta autem hac uoce conuenit multitudo, et mente confusa est,' [106] et Psalmus : 'in spiritu uehementi.' [107]

Sequitur, ascendit : ad caritatem scilicet. Vnde Dominus : 'ignem ueni mittere in terram,' [108] ut supra.

Sequitur, letificatque : sanctos scilicet. Vnde in Actibus discipulis repletis Spiritu Sancto dixerunt

---

/6/8 restringit *BC* : constringit *A*.
/6/20 fons *BC* : sanctus *A*.
/6/27 corpus *B* : opus *A*.
C lacks lines 22-3.

---

100. *Hebr.*, 12,29.
101. *Ez.*, 36,26.
102. *Iac.*, 1,11.
103. *Jer.*, 31,4.
104. *Eccles.*, 27,6.
105. *Gen.*, 1,4.
106. *Act.*, 2,6.
107. *Ps.*, 47,8.
108. *Lc.*, 12,49.

Iudei : 'musto pleni sunt isti.'[109] Et hoc dixerunt quia uiderunt eos letos et ardentes in gaudio Spiritus Sancti.

Postea sequuntur proprietates ignis per duos uersus :

Mobilis et siccus, mundusque fauilla tenetur.
Crescit et accendit, sed aqua modica morietur.

Mobilis est ignis Spiritus Sancti quia facit proficere de uirtute in uirtutem.

Sequitur, et siccus, ab effectu, scilicet, quia luxuriam restringit.

Sequitur, mundusque, quia non poterit coinquinari. Sapiencia : 'attingit ubique propter suam mundiciam.' [110]

Sequitur, fauilla tenetur, id est humilitate et recordacione fragilitatis nostre. Ysa. : 'sede in puluere, captiua.' [111]

Sequitur, crescit, quia quanto maior materia adhibetur, tanto major fit. Vnde in Lege [112] precipitur quod subicerentur ligna in altari, ut ignis iugiter ardeat.

Sequitur, ascendit. Vnde dicitur spiritus uehemens, id est sursum mentem uehens, quia naturaliter semper ascendit.

Sequitur, sed aqua modica morietur : aqua scilicet delectacionis et humore luxurie. Vnde ille spiritus malus contrarius Spiritui Sancto, secundum Iob, requiescit 'in locis humentibus.' [113]

Hinc sequitur de illo igne purissimo qui super aerem in regione ignis est super vij regiones humorum de quibus predictum est. Hec regio ignis, sicut dicunt philosophi, a lune [114] globo usque ad firmamentum extenditur. Is tantum est aere subtilior quan-

---

109. *Act.*, 2,13.
110. *Sap.*, 7,24.
111. *Is.*, 47,1.
112. /6/58-60 Unde in Lege : see *Lev.*, 6,12.
113. *Iob*, 40,16.
114. /6/71-75 a lune ... letatur : HONORIUS OF REGENSBURG, *De Imagine Mundi*, Bk. I, c. 67, *PL* 172, 138.

tum aer aqua tenuior, <aqua> terra rarior. Is eciam ether dicitur qui purus aer nominatur, et quia perpe-
191vb tuo splendore letatur. De hoc [115]/ angeli corpora assumunt cum ad homines missi ueniunt, sicut demones in aere inferiori caliginoso. Angelorum autem duos ordines in Tymeo Plato distinguit. Primum autem sic. In ethere, [116] inquit, a firmamento usque ad lunam est animal rationale, immortale, impatibile, ethereum ; eius officium soli est diuine contemplationi uacare, et de eius contemplatione delectari. Secundum autem diffinitur sic. In inferiori, [117] inquit, loco circa superiorem partem aeris, uicinum lune est animal aereum, rationale, immortale, patibile, diligentiam hominibus impertiens. Et est notandum quod dicit patibile quia cum diligit bonos congaudet eorum prosperitati, compatitur aduersitati. Horum officium est offerre preces Deo, et uoluntatem Dei hominibus, uel per sompnia, uel per uisa, uel per intimam aspiracionem uel per uocalem admonitionem. Et hij Calodemones appellantur, id est, bonum scientes. [118] Notandum autem quod Plato male intellexit angelos in ethere commorari, id est cum in empireo celo diuine maiestati deseruire probantur, nisi dicas intellexisse Platonem angelos quandoque esse in ethere ad hoc tantum ut de celo empireo descendentes corpora sumant in ethere in quibus possint hominibus apparere.

In hac regione ignis septem stelle, [119] id est vij planete, singulis circulis contra mundum feruntur, et ob uagum cursum erratice nominantur.

/6/73 aqua terra : aqua *supplied from Honorius.*
/6/81 contemplationi *B* : contemplatione *A*.
/6/100 feruntur *BC* : furuntur *A*.

---

115. /6/75-76 De hoc . . . ueniunt : This passage follows BEDE, *Liber Quaestionum, PL* 93, 463.

116. /6/79-82 In ethere . . . contemplatione : WILLIAM OF CONCHES, *De Philosophia Mundi,* Bk. I, c. 16, *PL* 172, 47.

117. /6/83-91 In inferiori . . . admonitionem : *De Philosophia Mundi,* Bk. I, c. 17, *PL* 172, 47.

118. *De Philosophia Mundi,* Bk. I, c. 18, *PL* 172, 47.

119. /6/99-101 septem stelle . . . nominantur : *De Imagine Mundi,* Bk. I, c. 68, *PL* 172, 138.

Hec sunt igitur quatuor elementa : terra, aqua, aer, ignis, de quibus simul et singulariter quidam ex nostris satis aperte distinxit dicens : [120]

Terra iacens stabilis ;
Aqua fluit labilis ;
Aer micat mobilis ;
Ignis uolat nobilis ;
Voluitur rotabilis
Machina speralis.

Consummato igitur opere utcumque potuimus,
a discreto lectore ueniam postulamus, certi utique quia
et si minus inuenerit quam necesse sit, cogitare poterit
192ra quod inpossibile sit omnes philosophos/qui a diuersis
et multis inueniri et legi potuerint toto orbe terrarum
casualiter, unum hominem inuenire posse et legere
atque excerpere et inde uno uolumine compilare.
Credimus tamen quod tanta et tam diuersa et in tam
paruo uolumine posita uix inter Latinos potuerint
inueniri. Neque enim laboribus aut expensis ullo
modo perpercimus quin opus istud ad effectum per-
duceremus. Anni iam quatuordecim aut quindecim
elapsi sunt ex quo libro de Naturis Rerum diligenter
intendimus, illud beatissimi patris Augustini dictum
192rb in libro de Doctri/na Christiana diu habentes pre
oculis ubi dicit utilissimum [121] fore si quis laborem
assumeret quo in unum uolumen naturas rerum et
maxime animalium congregaret. Congregaui ergo, nec
michi sufficit Gallia atque Germania, que tamen in
libris copiosiores sunt regionibus uniuersis, immo in
partibus transmarinis et in Anglia libros de naturis
editos aggregaui et ex omnibus meliora et commo-
diora decerpsi. Si quem ergo collecta iuuant, oret pro
me ut secundum laborem meum mihi Deus mercedem
restituat in futuro. Amen.

/6/117 excerpere *BC* : exspere *A*.

---

120. The meter of the verses which follow, as well as the phrase « ex nostris » suggests a hymn.

121. /6/126-128 utilissimum fore : AUGUSTINE, *De Doctrina Christiana*, Bk. II, c. 39.

RECHERCHE BIBLIOGRAPHIQUE SUR L'ALCHIMIE MÉDIÉVALE OCCIDENTALE

Claude Gagnon

> « Une très vaste matière s'offre ici aux investigations des érudits : c'est la littérature des recettes. Elle présente malheureusement au chercheur isolé des difficultés quasi insurmontables. «
>
> Guy BEAUJOUAN [1]

Suivant ses différents champs d'intérêt, chacun ne constitue pas de la même façon la bibliographie d'un domaine déterminé. Bien qu'il ne semble, à première vue, y avoir aucun rapport entre eux, le contenu d'un savoir (la didactique) oriente la transmission purement technique de ce savoir (l'écriture : la publication, la distribution, etc.).

L'accumulation des connaissances forçant peu à peu les hommes à se répartir empiriquement entre eux ce bagage sans cesse croissant, pour des raisons que nous ne connaissons pas encore très bien, les hommes de différents métiers en vinrent à oublier ce qu'ils avaient en commun : la recherche gnoséologique du réel. Les différentes technologies s'opposèrent davantage entre elles, la science se sépara de l'art.

Aujourd'hui, selon que l'on travaille en science *ou* en art, les répertoires de bibliographies spécialisées diffèrent, les ouvrages intitulés : *Dictionnaire général,* encore plus. Et si l'on s'intéresse à un type de savoir qui, par son épistémologie (explicitée ou non), est historiquement entré en conflit avec un autre type de savoir qui

1. *La science dans l'Occident médiéval chrétien,* dans *Histoire Générale des Sciences ; la science antique et médiévale,* Paris, P.U.F., 1957, 3e partie, ch. VII.

était celui des hommes possédant les techniques et appareils d'écriture, alors la démarche bibliographique se complique. Dès lors, nous sommes en droit de soupçonner l'apparition de deux dérivations qui sont en fait corollaires : d'abord une différence dans le mode de transmission du type de savoir rejeté, ensuite une différence sinon une absence d'information, concernant ce savoir « exclu », de la part des savoirs triomphants. Ce sont ces deux dérivations parallèles qui « occultent » un mode de connaissance : la documentation matérielle disparaît alors des rayons et réapparaît dans les coffres. Il ne suffit pas de déchiffrer le texte codé à double tour, encore faut-il pouvoir mettre la main dessus, encore faut-il savoir s'il a réellement existé . . . avant d'être perdu (*sic*).

a) **Le « matériel » bibliographique**

L'historien généalogiste Michel Foucault définit la documentation matérielle comme étant « la réalité matérielle de la chose prononcée ou écrite » [2]. Il continue en dénombrant les différentes procédures qui régissent la production d'un discours, c'est-à-dire le croisement des différents facteurs matériels (corporels et incorporels) qui contribuent à façonner l'émergence sociale d'un énoncé, d'un « Annoncé » pourrait-on dire [3].

Il y aurait alors des procédures jouant en faveur de l'insertion (l'inclusion) de tel discours dans le langage de l'*intelligentsia* d'une société. Il y aurait évidemment des procédures visant l'objectif contraire : écarter de la tribune tel discours, d'une façon ou d'une autre. Un tel éclairage dirigé sur l'histoire de l'alchimie ferait peut-être apparaître certains contours de cette pratique dont la définition même est contestée. C'est ce que je me suis proposé de faire ; il y a cependant « des difficultés quasi insurmontables pour un chercheur isolé », comme le dit l'exergue. En effet, l'histoire d'une idée, traitée selon l'histoire des différents facteurs qui ont servi à sa transmission matérielle et sociale, amène de fait la nécessité d'en-

2. Michel FOUCAULT, *L'ordre du discours,* Paris, Gallimard, 1971, p. 10.

3. Par exemple, les légendes populaires antisémites, les recettes chimiques des matériaux d'écriture et l'avènement de la gravure sur bois dans l'histoire de l'imprimerie ont passablement déterminé la place occupée par Nicolas Flamel dans l'histoire du discours alchimique.

treprendre une recherche multidisciplinaire. Une figure biologique illustrera mieux la nature des difficultés en cause. Pour décrire l'environnement qui a permis à l'organe (i.e., l'idée) de survivre ou non, il faut considérer les différentes conditions de gestation, d'émergence, de croissance et de dérivation. Certes il faut faire l'histoire des idées connexes ou contradictoires, mais ce n'est pas suffisant. Il faut aussi se pencher sur l'histoire de l'écriture des idées (les académies, les facultés, les monastères, les foires), l'histoire des techniques permettant ou non la matérialisation (la diffusion à grande échelle) de l'idée. Il faut considérer l'influence du revenu économique sur les opinions mythiques, l'influence des climats et des épidémies sur les métabolismes [4]. Soumise à ce principe, la recherche bibliographique s'élargit de façon telle qu'une seule personne ne peut même pas arriver à collationner la majorité des indices nécessaires pour élucider les multiples aspects de la question ; a fortiori s'il s'agit d'étudier l'un des savoirs rejetés dont je parle maintenant. En ce qui a trait à l'étude des indices collationnés, l'étudiant a encore moins le choix : la recherche ne peut se réaliser que *ad casum,* quitte à choisir le matériel le plus représentatif.

Par rapport au domaine de l'alchimie, voici comment les difficultés se présentent.

b) **L'idée conductrice et son véhicule**

Parmi les procédures mises en œuvre pour exclure l'idée énoncée, il y en a une que l'on nomme « la volonté de vérité et son support institutionnel », c'est-à-dire que l'*institution,* ou si l'on veut, l'appareil d'écriture peut parfois servir d'alibi lorsque les initiés au savoir transmis par cette institution, veulent exclure une vérité qui est contradictoire par rapport à la leur. « Ce n'est pas dans le Dictionnaire », « ce n'est pas dans la jurisprudence », « ce n'est pas dans la coutume du Club » sont autant d'énoncés qui modifient le véhicule d'écriture en véhicule de rature (censure) en énonçant précisément sa limite. Tous veulent avoir raison ; ceux qui détien-

4. On comprendra qu'il ne s'agit pas ici de substituer à un causalisme idéaliste un causalisme matérialiste mais bien de connaître le plus scientifiquement possible la nature des éléments et des lois qui *véhiculent* la « vie réussie ou ratée » d'une idée dans son «monde ».

nent un certain pouvoir, encore plus. Ainsi l'autorité suprême échappe-t-elle parfois au corps du texte lui-même pour se situer au niveau de l'organe de distribution.

L'empire chrétien, pour des raisons qui ne sont pas encore tout à fait éclaircies, n'a pas intégré la pratique alchimique comme type de savoir suffisamment valide pour atteindre la connaissance de la création afin de contempler la grandeur du Créateur. Contrairement à l'*Astrologia,* l'*Alkimia* n'a jamais figuré parmi les arts libéraux même si elle faisait partie intégrante des *communia naturalium* d'un Roger Bacon. Pourtant, d'un strict point de vue scientifique, la musique médiévale était aussi peu développée que la chimie de la même période.

L'alchimie étant donc politiquement exclue du champ du savoir, on ne peut dès lors être surpris de la rareté et de la pauvreté de la documentation sur ce secteur. Albert le Grand, Roger Bacon, Vincent de Beauvais figurent parmi le petit nombre d'intellectuels « en place » qui jetèrent un coup d'œil sur ce type particulier de la recherche humaine [5].

Bref, pendant longtemps, ceux qui pratiquèrent l'Art d'Écriture (qu'ils aient été copistes, chroniqueurs ou commentateurs) en dirent peu et mal. Les imagiers et quelques enlumineurs font exception.

c) **Le complexe du Phénix**

Mais il n'y a pas que les procédures d'exclusion venant de l'extérieur des discours. Les lois mêmes du champ discursif construisent un second obstacle à la transmission, cette fois-ci de l'intérieur du « monde des idées ». On les appelle procédures d'exclu-

---

5. Dans son article, *La pensée symbolique au moyen âge,* dans les *Cahiers Internationaux de Symbolisme,* n. 21 (1972), p. 3-17, Guy-H. Allard montre bien la « connaturalité d'esprit » qui a sans doute fait qu'Albert le Grand, Thomas d'Aquin et Roger Bacon ont « rencontré » l'alchimie au cours de l'élaboration de leur didactique respective. Cette connaturalité d'esprit ne doit pas être comprise comme étant d'ordre idéologique mais bien d'ordre épistémologique : cf. du même auteur, *Réactions de trois penseurs du XIIIe siècle vis-à-vis de l'Alchimie,* communication présentée à la VIIIe Conférence d'études médiévales, Western Michigan University, Kalamazoo, Michigan, avril-mai, 1973, et publiée dans le présent fascicule des *Cahiers d'études médiévales.*

sion internes ; telle l'organisation des disciplines qui, dans l'aménagement empirique des champs d'étude, obéit au découpage des académies et des facultés et entraîne la « membrification » du savoir. Le savant n'a pas le choix : l'objet qu'il interroge est de plus en plus mince, la vérité qu'il énoncera concernant cet objet aura de moins en moins de valeur synthétique. En effet, comment étudier scientifiquement un type d'investigation qui dans l'histoire s'est pratiqué à un moment où la notion de « science » avait un tout autre sens, comment bien lire un texte écrit selon des définitions de « lecture » et d'« écriture » qui ne nous sont pas coutumières ? [6]

Le savoir allant sans cesse se spécialisant (se fragmentant) dans l'histoire de l'Occident, l'alchimie, comme les autres sciences antiques, s'est subdivisée avec le temps en de multiples disciplines. On sait que l'alchimie est une pratique qui chevauche les Trois Règnes de la Nature. Dans cette optique, il semblerait que les anciens considéraient comme « alchimique » toute action directe sur la nature, toute manipulation de la matière inerte ou vivante : des forgerons aux médecins en passant par les orfèvres et les empoisonneurs, tous ceux qui *opèrent, œuvrent, labourent* la matière d'un minerai, d'une racine ou d'un corps humain.

On voit alors l'ampleur de la difficulté à constituer une bibliographie tant soit peu fidèle à la pratique en question. On parle alchimie et de l'alchimie dans l'histoire de la chimie évidemment, mais aussi dans l'histoire de la médecine, dans l'histoire de la métallurgie, dans l'histoire de l'art, voire dans l'histoire de l'embryologie. L'alchimie figure rarement dans l'arbre du Savoir de la « cité savante », mais elle se cache dans les replis des racines ou dans la floraison de beaucoup de sciences et techniques d'aujourd'hui.

6. Le *Bulletin Signalétique* du C.N.R.S. classe le concept « alchimie » dans l'« Histoire des sciences et des techniques ». La catégorie la plus pertinente serait sans doute celle de « mathèse » dont l'alchimie est la médecine opératoire. Historiquement la « mathèse » s'est bisectionnée en « science » et « philosophie ». Il faut donc considérer nos rubriques contemporaines comme indicatrices et falsificatrices à la fois. Ou bien modifier ces dernières et mettre l'alchimie sous la rubrique « Connaissance et manipulation des différentes formes d'énergie en vue de participer à la rédemption de l'univers ». Au fond le problème réside peut-être dans le fait que nous ignorons encore comment construire des équivalences pour comprendre des épistémologies différentes sans les distordre.

Ainsi ce serait l'organisation même du savoir qui empêcherait en un certain sens de reconstituer l'objet originel de l'investigation alchimique. La bibliographie multidisciplinaire qui suit a précisément pour mobile de montrer le degré de complexité de ce puzzle avec lequel l'historien est aux prises. Rebâtir la pratique disparue à partir des micro-miettes déposées dans nos multiples disciplines contemporaines équivaut presque à faire ce que les alchimistes appelaient de la palingénésie, technique qui a pour but de reconstituer un organisme vivant à partir de ses cendres.

d) **L'inclusion exclusiviste**

Enfin il n'y a pas que les obstacles externes et internes, il y a aussi les outils fabriqués en vue de l'insertion, de l'inclusion correcte du discours. Ces outils nécessaires, garants de l'insertion, tels les vocabulaires spécialisés, les associations et congrès créent cependant un hermétisme et un ésotérisme inévitables. Or la doctrine alchimique est, par définition, hermétique. L'étymologie du mot « hermétique » renvoie à « Hermès ». Pour les alchimistes médiévaux, Hermès est Le Philosophe comme l'est Aristote pour les théologiens du même temps. Cet hermétisme caractéristique du discours alchimique réduit donc considérablement les possibilités d'une lecture « compréhensive ». Corollairement, la tradition alchimique est ésotérique : les traités alchimiques sont publiés et transmis en peu d'exemplaires. Cela aussi réduit l'insertion du discours dans la banque du savoir de la collectivité.

Ces procédures, et d'autres, n'ont pas cessé leur activité. Encore aujourd'hui, pour emprunter encore les termes de Foucault, certains continuent de ranger l'alchimie parmi « les discours de fou ». En ce sens, la constitution d'une bibliographie, si incomplète soit-elle, s'identifie à une procédure de restitution du discours en question.

Les indices qui suivent ne visent donc pas à constituer un répertoire bibliographique de l'histoire de l'alchimie. Plusieurs répertoires de ce type existent déjà (voir la section II). Il s'agissait plutôt d'ordonner quelques pistes bibliographiques choisies en vue de situer davantage l'alchimie dans l'histoire du savoir (aspect didactique) et dans l'histoire de l'écriture (aspect de transmission).

* * *

Certes le présent travail apparaîtra dramatiquement incomplet. Il aurait fallu fouiller aussi l'histoire des religions et celle des fétiches, celles des armements et celle des armoiries, etc. Mais je crois que les quelques secteurs et titres choisis suffiront à illustrer l'ampleur des difficultés que l'on rencontre lorsqu'on tente d'approcher une pratique marginale dans le corps historique du savoir.

Plusieurs indices sont incomplets ou comportent des inexactitudes. J'avais le choix, soit de les omettre par souci d'homogénéité et de propreté, soit de les transcrire quand même, quitte à prévenir le lecteur. Mon objectif central me commandait évidemment le second choix. Tout au long de ma compilation, j'ai cependant essayé d'éliminer le plus d'inexactitudes possible mais l'entreprise n'est pas facile. Par exemple, approfondissant plus spécifiquement le cas « Nicolas Flamel », je me suis vite rendu compte de la légèreté avec laquelle les détracteurs autant que les défenseurs ont jugé la valeur des sources.

L'histoire des textes n'a rien d'une morne et neutre continuité. La quantité peu commune d'apocryphes dans l'histoire des textes d'Alchimie témoigne à elle seule du climat dans lequel s'est réalisée la mise à l'écart de la discipline en question. Ainsi, j'ai pensé qu'une esquisse de bibliographie multidisciplinaire serait une sorte d'illustration capable de faire voir ce que le sectarisme a produit au cœur même de l'industrie de la transmission.

En terminant, je tiens à remercier mesdemoiselles Marie-Odile Garrigue et Chiara Criciani, madame Jean-Pierre Bonnerot et Lise-Andrée Delorimier, messieurs Roland Houde, Jacques Ménard et surtout Guy-H. Allard pour l'intérêt et l'aide qu'ils m'ont prodigués au cours de ma compilation. J'exprime par la même occasion le désir de recevoir les corrections et additions de la part des lecteurs que je remercie à l'avance.

PLAN DE LA BIBLIOGRAPHIE

I. DÉFINITION ÉTYMOLOGIQUE.

II. RÉPERTOIRES BIBLIOGRAPHIQUES ET CATALOGUES.

III. ÉTUDES :

A) **Encyclopédie et Dictionnaires.**

B) **Périodiques.**

C) **Histoires générales de l'alchimie et/ou de la chimie.**

D) **Monographies diverses.**

IV. ÉDITIONS :

A) **Recueils (compendia).**

B) **Autres textes édités.**

V. L'ALCHIMIE DANS L'HISTOIRE DU SAVOIR :

A) **Histoire de la philosophie.**

B) **Histoire de la science.**

C) **Histoire de la technique.**

D) **Histoire de la médecine.**
1. Histoire de la minéralogie et de la métallurgie.
2. Histoire de la botanique, de la zoologie et de l'embryologie.
3. Histoire de la pharmacie et de la toxicologie.

E) **Histoire de la magie (sciences occultes).**

F) **Histoire de l'astronomie ; code astrologique.**
1. Histoire moderne de l'astronomie.
2. Sur le code astrologique.

VI. L'ALCHIMIE DANS L'HISTOIRE DE L'ÉCRITURE.

A) **Histoire générale de l'écriture.**

B) **Histoire de l'idéographie (hiéroglyphie)**

C) **Histoire de l'iconographie (imagerie)**

D) **Histoire de l'architectographie (imagerie)**

I. DÉFINITION ÉTYMOLOGIQUE

N.B. Entre guillemets figurent les mots sous lesquels chacun des ouvrages définit le concept d'alchimie.

1. BELOT (J.), *Dictionnaire Français-Arabe,* Beyrouth, Imprimerie Catholique, 1952, « alchimie », « alchimique », « alchimiste ».

2. BLOCH (O.) et WORTBURG (W.), *Dictionnaire étymologique de la langue française,* Paris, Presses Universitaires de France, 1968, « alchimie », « chimie ».

3. CAILLEUX (A.) et KOMORN (J.), *Dictionnaire des Racines Scientifiques,* Paris, Société d'édition d'enseignement supérieur, 1965, « Alchim », « Chim ».

4. DU CANGE (D.), *Glossarium mediae et infimae latinitatis,* Niort, Faure (1678), 1883, Tomes I et II, « alchimia », « alchymistici », « chimia ».

5. DU CANGE (D.), *Glossarium mediae et infimae graecitatis,* Lugduni, Posuel-Rigaud (1688), réimp. Collège de France, 1943, « kymia », « chemeia ».

6. FORCELLINI (A.), *Totius Latinitatis Lexicon,* Prati, Typis Aldinianis, 1858-1860, Tome I, « alchemia », « alchimia ».

7. FREITAG (G.F.), *Lexicon arabico-latinum,* Halis Saxonum, C.A. Schuetschke et Filium, 1837, « alkîmyâ ».

II. RÉPERTOIRES BIBLIOGRAPHIQUES ET CATALOGUES

1. ANONYME, *Jardinet hermético-spagyrite,* 160 références, voir le détail à IV, B, 11.

2. BOLTON (H.C.), *Outlines of a Bibliography of the History of Chemistry,* Salem, Mass., Salem Press, 1874.

3. BOLTON (H.C.), *A Catalogue of Chemical Periodicals,* New-York, chez l'auteur, Academy Press, 1885, voir *Annuals of the New York Academy of Sciences,* vol. III, nn. 6 and 7.

4. BOLTON (H.C.), *Catalogues of Works on Alchemy and Chemistry, exhibited at the Grolier Club,* New-York, De Vinne Press, 1891, Catalogue des ouvrages constituant la collection de l'auteur.

5. BOLTON (H.C.), *A Select Bibliography of Chemistry,* 1492-1892, Washington, Smithsonian Institution, 1893, 12,031 références regroupées en 7 sections. Un premier supplément est publié à Washington, Smithsonian Institution, 1899 : 5,554 références regroupées en 6 sections. Un second supplément est publié à Washington, Smithsonian Institution, 1904.

6. BOREL (P.), *Bibliotheca Chimica. Seu catalogus librorum philosophicorum hermeticorum,* Paris, 1654 ; rééd. Heidelberg, 1656, 4,000 références.

7. BROWN (J.C. et A.), *Catalogue of Books Illustrating the History of Alchemy and early Chemistry exhibited at the Association soirée,* Liverpool, 1890, 100 références.

8. CAILLET (A.L.), *Manuel bibliographique des sciences psychiques et occultes,* Paris, Dorbon, 1912, 3 vol., plus de 3,000 références.

9. COLLABORATION, *A Hundred Alchemical Books. Science Museum : Book Exhibitions,* Catalogue n. 1, 1952, 100 références.

10. CORBETT (J.), voir UNION ACADÉMIQUE INTERNATIONALE : II, 28, C.

11. DE TERRE BASSE (A.H.J.), *Recherches bibliographiques,* Voiron, 1887, bibliographie des ouvrages imprimés à Lyon par Macé Bonhomme en 1557, 3 références.

12. DOBERER (K.K.), *A Bibliography of Books in the British Museum,* 1946, 250 références.

13. DORBON, Aîné, *Bibliotheca esoterica,* Paris, chez l'auteur, 1938, 6,707 références.

14. DU FRESNOY (N. Lenglet), *Histoire de la Philosophie Hermétique. Accompagné d'un catalogue raisonné des écrivains de cette science,* Paris, Caustelier, 1742, 3 vol. Le tome III de l'ouvrage constitue le Catalogue. Fut réimprimé à part à Paris et à La Haye, 1742 ; puis Paris, 1744, 1,500 références. L'exemplaire de La Haye, 1742, qui se trouve à la Bibliothèque Nationale de Paris, contient des notes manuscrites de l'auteur.

15. DUVEEN (D.I.), *Bibliotheca alchemica et chemica. An Annoted Catalogue of Printed Books on Alchemy, Chemistry and Cognate Subjects in the Library of Denis Ian Duveen (XVième au XXième siècles),* Londres, Buckram, 1949.

16. FERGUSON (J.), *Bibliotheca chemica : a Catalogue of the Alchemical Chemical and Pharmaceutical Books in the Collection of the late James Young,* Glasgow, 1906, 2,500 références. Publication privée. Facsimilé disponible : *Bibliotheca chemica. A Bibliography of Books on Alchemy, Chemistry and Pharmaceutics,* Londres, Academic and Bibliographical Publications, 1954, 2 vol.

17. FERGUSON (J.), *Some English Alchemical Books,* 1913, 125 références.

18. FERGUSON (J.), *Bibliographical Notes on Histories of Inventions and Books of Secrets* (1896), Londres, Holland Press, 1959. Voir aussi : THOMSON (K.R.) and SERVICE (M.M.), *Catalogue of the Ferguson*

Collection of Books, mainly relating to Alchemy, Chemistry, Witchcraft and Gipsies, in the Library of the University of Glasgow, edited by W.R. Cunningham, Glasgow University Publications, 6,000 références.

19. HEYM (G.), *An Introduction to the Bibliography of Alchemy,* dans *Ambix,* 1937, n. 1, p. 48-60.

20. HIRSH (R.), *Bibliographie des œuvres chimiques entre 1469 et 1536,* dans *Chymia,* 1950.

21. INST. GESCH. NATURWISSENSCH., *Bibliographie zur Geschichte der Chemie,* dans *Nachr. Inst. Gesch. Naturwiss.,* Hambourg, n. 1, 1971, p. 11-17, 60 titres.

22. KLEBS (A.C.), *Incunablia scientifica et medica,* Bruges, The Saint Catherine Press, 1938.

23. MAC PHAIL (I.), *Alchemy and the Occult, a Catalogue of Bks. and Mss. from the Coll. of Paul and Mary Mellon given to Yale Univ. Lib.,* with Essays by R.P. MULTHAUF and Aniela JOFFE and add. notes by William Mc Guire, Yale University, 1968, 2 vol.

24. RUSKA (J.F.), *Katalog der Orientalischen und Lateinischen Originalhandschriften, Abschriften und Photokopien des Instituts für Geschichte der Medizin und der Naturwissenschaften in Berlin,* 1939.

25. SIGGEL (A.), voir UNION ACADÉMIQUE INTERNATIONALE : II, 28, D.

26. SINGER (D.W.), voir UNION ACADÉMIQUE INTERNATIONALE : II, 28, A.

27. THORNDIKE (L.) and KIBRE (P.), *A Catalogue of Incipits of Medieval Scientific Writings in Latin,* Medieval Academy of America (1937), éd. revue et augmentée, Londres, 1963 ; supplément : *Additional addenda et corrigenda,* dans *Speculum,* 1965, p. 116-121.

28. UNION ACADÉMIQUE INTERNATIONALE, *Catalogues des manuscrits alchimiques latins,* édités sous la direction de BIDEZ (J.), HEIBERG (J.C.), LAGERCRANTZ (O.), CUMONT (F.), DELATTE (A.), RUSKA (J.), etc..., Bruxelles.

Par ordre chronologique de parution :

A) SINGER (D.W.), *Catalogue of Latin and Vernacular Alchemical Manuscripts in Great Britain and Ireland, dating from before the XVIth Century,* Bruxelles, 1928-31, 3 vol., 1,116 références.

B) WILSON (W.J.), *Catalogue of Latin and Vernacular Alchemical Manuscripts in the United States and Canada,* Bruges, 1938 et 1939, 2,500 références.

C) CORBETT (J.), *Manuscrits des bibliothèques publiques de Paris antérieurs au XVIIième siècle,* Paris, 1939, 1,250 références. Couvre aussi le fonds

français Bibliothèque nationale, Arsenal, Mazarine.
—, *Manuscrits des bibliothèques publiques des départements français antérieurs au XVIIième siècle,* Paris, 1951, 750 références. Couvre ausi le fonds français.

D) SIGGEL (A.), *Katalog der arabischen alchemistischen Handschriften Deutschlands,* Paris, 1949-1956 ; fonds arabe, 1,000 références.

29. WALLER (E.), *Bibliotheca Walleriana : the Books illustrating the History of Medecine and Science collected by Waller,* Stockholm, Almquist and Wiksell, 1955, 2 vol.

30. WILSON (W.J.), voir UNION ACADÉMIQUE INTERNATIONALE ; II, 28, B.

31. YVE-PLESSIS (R.), *Essai d'une bibliographie française méthodique et raisonnée de la sorcellerie,* Paris, 1900 ; Slatkine Reprints, Genève, 1970.

III. ÉTUDES

A. Encyclopédies et dictionnaires

1. ALLEAU (R.), *Encyclopedia Universalis,* Paris, 1968, « alchimie » : bibliographie, corrélats, étymologie.

2. BÉGIN (E.), *Le Moyen-Âge et la Renaissance, Histoire et Descriptions,* Paris, Lacroix et Seré, 1849, 2 Tomes ; tome II, p. 789.

3. BERTHELOT (M.P.E.), *La Grande Encyclopédie : inventaire raisonné des sciences, des lettres et des arts,* Paris, H. Lamirault, 2 tomes, sans date. Voir aussi BERTHELOT (M.P.E.) ; III, C, 6.

4. BOLTON (H.C.), *Alchemy and Numismatics,* Boston, chez l'auteur, 1887 ; voir l'*American Journal of Numismatics,* vol. XXI, p. 73.

5. CANSELIET (E.), voir ALLEAU (R.), *Aspects de l'alchimie traditionnelle* ; III, C, I.

6. CARO (R.), *Pléiade alchimique,* éd. Les Angelots, en vente chez l'auteur : Chemin de la Madraque, 83 Saint-Cyr-sur-Mer, France. Consulter aussi l'ouvrage *Concordances alchimiques,* du même auteur. Voir III, A. 7.

7. CARO (R.), *Concordances alchimiques,* voir III, A, 6.

8. CAVENDISH (R.), *Man, Myth and Magic,* 112 fasc., Londres, 1970.

9. CHAMPOLLION (J.F.), *Dictionnaire Égyptien, en écriture hiéroglyphique.* Voir le détail à VI, B, 4.

10. CHEVALIER (J.) et collaborateurs, *Dictionnaire des symboles,* Paris, Laffont, 1969.

11. COLLIN DE PLANCY (J.), *Dictionnaire infernal,* Paris, Plon, 1863. La cinquième édition porte le titre : *Dictionnaire des sciences occultes . . . ,* Paris, éditeur : J.P. Migne, Au Petit Montrouge, 1846-1852.

12. FAUST (J. M.), *Lexicon Alchimiae,* 1727.

13. GRATAROLE (G.), *Verae alchemiae artis . . . ,* Tome II, voir le détail à IV, A, 3.

14. HALL (M. P.), *An Encyclopedic Outline of Masonic, Hermetic, Qabbalistic and Rosicrucian Symbolical Philosophy,* San Francisco, chez l'auteur, 1928. Consulter aussi du même auteur : *Astrological Keyboards, Compiled from Leading Authorities.* Voir aussi III, B, 12 ; V, F, 2, 4.

15. HORTULANUS (M.), *Compendium Alchimiae,* Basilae, 1560, dictionnaire de synonymes à la fin de l'ouvrage ; consulter aussi IV, B, 40.

16. JOHNSON (W.), *Lexicon Chymicum,* Londres, 1652.

17. KAMALA-JNANA, *Dictionnaire de philosophie alchimique,* Saint-Cyr-sur-Mer, R. Caro, 1961, voir III, A, 6 et 7.

18. MASSON (H.), *Dictionnaire initiatique,* Paris, Belfond, 1970.

19. MIGNE (J.P.), *Dictionnaire des sciences occultes,* voir le détail à III, A, 11.

20. MONRO ROSS (H.), *Encyclopedia Britannica,* Chicago-Londres, University of Chicago, vol. I, « alchemy » : bibliographie.

21. PERNETY (Dom A.J.), *Dictionnaire mytho-hermétique,* Paris, Bauche, 1758 ; rééd. Paris, Denoël, 1972.

22. RULANDUS (M.), *Lexicon Alchimiae : sive Dictionarium alchemysticum* (Francfort, 1612), Hildesheim, Verlag Georg Olins, 1964, lexique élaboré.

23. SCHNEIDER (W.), *Lexicon Alchemistisch-Pharmazeutischer Symbole,* Weinheim, 1962, réédition de *Medizinisch-Chymisches und Alchemistisches Oraculum,* Ulm et Memmingen, 1755. Nomenclature des symboles-signes alchimiques.

24. SOMMERHOF (J.C.), *Lexicon pharmaceutico-chymicum latino-germanicum et germano-latinum,* Nuremberg, 1701.

25. TESTI (G.), *Dizionario di alchimia,* Rome, C.E.M., 1950.

26. WILSON (W.J.), *Table of Alchemical Symbols,* dans *Catalogue of Latin and Vernacular Alchemical Manuscripts in the United States and Canada,* 1938 et 1939, p. 657-689, voir le détail à II, 28, B.

B. Périodiques

1. *Alchimist,* 1941, mensuel, Imprimeurs — éditeurs Sluys, Velvaarstraat 1, Boechout, Belgique.

2. *Ambix, Journal of the « Society for the Study of Alchemy and early Chemistry »*, 1937, annuel, a/s Dept. of History and Philosophy of Science, University College, London W.C. 1, Angleterre.

3. *Anagrom,* 1972- , trimestriel, 14, rue Henri Golaudin, 92140 Clamart, France.

4. *Atlantis,* 30, rue de la Marseillaise, 94 Vincennes, France.

5. *Cahiers d'Hermès(Les),* Éditions de La Colombe, 5, rue Rousselet, 75 Paris (Ve), France. Il n'est paru que deux numéros de cette revue (en 1947).

6. *Cahiers du Chêne d'or,* 1963-1966, 57, avenue du Maine, 75 Paris (XIVe), France.

7. *Cahiers du Sud,* suspendu en 1939, trimestriel, Marseille, France.

9. *Études traditionnelles,* autrefois titré : *Voile d'Isis,* 23, Quai St-Michel, 75 Paris (VIe), France.

8. *Chymia, Annual Studies in the History of Chemistry,* 1948-1967, annuel, University of Pensylvania Press, 3729, Spruce Street, Philadelphia, U.S.A. (Couvre le secteur de la biologie).

10. *Initiation et Science,* terminé en 1965, Omnium littéraire, 94, rue Saint-Lazare, 75 Paris (IXe), France.

11. *Isis, International Review devoted to the History of Science and its Cultural Influences,* 1913, trimestriel, John Hopkins Press, MD 21218 Baltimore, U.S.A. ; voir la « Bibliographie cumulative » de 1972.

12. *Journal of the Philosophical Research Society,* 1941 à 1958, a/s Manby P. Hall, 3910, Los Feliz blvd, Los Angeles, California 90027, U.S.A. Voir III, A, 14.

13. *La Tour Saint-Jacques,* 1955-1962, à tous les deux mois, 53, rue Saint-Jacques, 75 Paris (Ve), France.

14. *Le Symbolisme,* 25, rue André-de-Loléac, 53 Laval, France.

15. *L'Initiation,* organe officiel de l'Ordre Martiniste, 8, rue Stanislas-Meunier, 75 Paris (XXe), France.

16. *Revue d'histoire des sciences et de leurs applications,* 1947, trimestriel, Presses Universitaires de France, 108, blvd. St-Germain, Paris, France.

C. **Histoires générales de l'alchimie et/ou de la chimie.**

1. ALLEAU (R.), *Aspects de l'Alchimie traditionnelle. Textes et symboles alchimiques suivi de « La Pierre de touche » d'Huginus a Barma,* Paris, Minuit, 1953, index des symboles alchimiques par E. Canseliet.

2. AMANE (M.), *Notes sur l'alchimie,* dans *Cahiers du Sud,* 1953, p. 243-273.

3. AMBELAIN (R.), *L'alchimie spirituelle,* Paris, Cercle du Livre, 1953, ouvrage partiellement polémique. Voir aussi V, D, 1.

4. BARRETT (F.), *The Lives of the Adepta in Alchemystical Philosophy,* Londres, Lackington and Allen, 1815, perspective ontologique.

5. BERTHELOT (M.P.E.), *La synthèse chimique,* Paris, G. Baillères et Cie, 1876.

6. BERTHELOT (M.P.E.), *Introduction à l'étude de la chimie, des anciens et du moyen-âge,* Georges Steinheil, 1889 ; rééd. Paris, Librairie des Sciences et des Arts, 1938, édition critique des Papyrus de Leyde ; lexique des notations alchimiques. Voir aussi IV, A, 17.

7. BERTHELOT (M.P.E.), *Les Origines de l'alchimie,* Georges Steinheil, 1885 ; rééd. Paris, Librairie des Sciences et des Arts, 1938, Bibliographie. Voir aussi VI, B, 2.

8. BOLTON (H.C.), *Hysterical Chemistry,* Londres, E.J. Darcy Printer, 1898, réimpression de *Chemical News,* 77, 1898, p. 3-5, 16-18.

9. BOLTON (H.C.), *The Literature of Alchemy,* Washington, D.C., 1901, réimpression de *Pharmaceutical Review,* 19, p. 4-5.

10. BORCH (O.), (BORRICHIUS), *De ortu et progressu chemiae dissertatio,* Copenhague, P. Haubold, 1668.

11. BORCH (O.), (BORRICHIUS), *Hermetis, Aegyptiorum et chemicorum sapientia . . . ,* Copenhague, P. Haubold, 1674.

12. BUNTZ (H.), *Alchimia : Ideologie und Technologie,* voir le détail à III, C, 30.

13. BURLAND (C.A.), *The Arts of the Alchemists,* New-York, Macmillan, 1967 ; éd. française, Paris, Laffont, 1969.

14. CANSELIET (E.), *Alchimie,* Paris, J.J. Pauvert, 1964.

15. CANSELIET (E.), *L'alchimie expliquée sur ses textes classiques,* Paris, J.J. Pauvert, 1972, ouvrage partiellement polémique.

16. CARBONELLI (G.), *Sulle fonti storiche della chimica e dell'alchimia in Italia,* Rome, Instituto Nazionale Medico Farmacologico, 1925.

17. CARON (R.) et HUTIN (S.), *Les alchimistes* (Le temps qui court), Paris, Seuil, 1964.

18. CHIKASHIRE (M.), *Alchemy and Other Chemical Achievement of the Ancient Orient,* Tokyo, Rukakuho Uchida, 1936.

19. CUMMINGS (R.), *Alchemists, Fathers of Practical Chemistry,* New-York, Mackay, 1966. « Cummings » est un pseudonyme ; nom véritable : Richard M. Gardner.

20. DE BROGLIE (J.A.), *Le sablier d'Or, Recherche sur l'Oeuvre alchimique,* Paris, Flammarion, 1971.

21. DE CHASTRE (R.), *Le prototype de l'art chimique,* Paris, 1620.

22. DE GRIVY (G.), *Le Musée des sorciers, mages et alchimistes,* Paris, Librairie de France, 1929 ; rééd. Paris, Tchou, 1966.

23. DE VALMONT, *Dissertation sur les maléfices et les sorciers selon les principes de la théologie et de la physique ...,* Tourcoing, 1752 ; rééd. Lille, Lebleu, 1862, l'auteur ne doit pas être confondu avec l'abbé Pierre de Lorrain Vallemont : voir III, C, 89.

24. DOBERER (K.K.), *Goldmakers, 10,000 Years of Alchemy,* trad. E.W. Dickes, Londres, Nicholson, 1948.

25. DU FRESNOY (N. Lenglet), *Histoire de la philosophie hermétique,* voir le détail à II, 14.

26. D'YGÉ (C.), *Anthologie de la Poésie hermétique,* 1945, Paris, Montbrun, 1948, l'ouvrage contient des extraits de *La Métallique Transformation* ; voir IV, A, 4 et IV, B, 67.

27. D'YGÉ (C.), *Nouvelles assemblées des philosophes chimiques,* Paris, Deroy-Livres, 1954.

28. ECKARTSHAUSEN (Karl von), *Karl Von Eckartshausens Entwurf zu einer ganz neuen chimie durch die entdeckung eines Allgemeinen naturprinzips, wodurch sich das phlogistische system der alten, und das antiphlogistische der neuren chimisten ...,* Regensburg Montag und Weiss, 1800.

29. ECKARTSHAUSEN (K.), *La nuée sur le sanctuaire ; ou, quelque chose dont la philosophie orgueilleuse de notre siècle ne se doute pas,* Paris, Maradan, 1819 ; rééd. Paris, A. Depras, 1914 ; rééd. Paris, Savoret, 1948.

30. ERNST PLOSS (E.), *Alchimia : Ideologie und Technologie,* Munich, Heinz Mooz, 1971 ; trad. franç. Geneviève Brilli, *L'Alchimie, Histoire-Technologie-Pratique,* Paris, Belfond, 1972. La bibliographie comprend les mss., les imprimés, une section annexe multidisciplinaire et les sources iconographiques.

31. EVOLA (J.), *La tradition hermétique,* Paris, Éditions Traditionnelles, 1962.

32. FARBER (E.), *The Evolution of Chemistry, A History of its Ideas, Methods and Materials,* New-York, Ronald Press, 1952.

33. FESTUGIÈRE (A.J.), *Hermétisme et mystique païenne,* voir le détail III, D, 12.

34. FESTUGIÈRE (A.J.), *La révélation d'Hermès Trismégiste,* voir le détail III, D, 13.

35. FIGUIER (L.), *L'alchimie et les alchimistes* (1860) ; rééd. R. Alleau (Bibliotheca hermetica), Paris, Denoël, 1970 ; rééd. Paris, S.G.P.A., 1970.

36. GANZEMÜLLER (W.), *Die Alchemie im Mittelalter,* Paderborn, 1938 ; éd. franç. *L'Alchimie au Moyen Âge,* Paris, Aubier, 1940.

37. GÉRARDIN (L.), *L'alchimie,* Paris, Bibliothèque de l'Irrationnel, 1972.

38. HARTLAUB (G.F.), *Der Stein der Weisen, Wesen und Bildwelt der Alchemie,* Munich, Prestel, 1959, Bibliographie.

39. HOEFER (J.C.F.), *Histoire de la chimie depuis les temps les plus reculés jusqu'à notre époque,* (1842-43), éd. aug., Paris, Firmin Didot Frères, 1866-69, 2 vol., doctrines cabalistiques, pharmacologie, métallurgie, arts et sciences connexes à la chimie.

40. HOEFER (J.C.F.), *Histoire de la physique et de la chimie depuis les temps les plus reculés jusqu'à nos jours,* Paris, Hachette, 1872.

41. HOEFER (J.C.F.), *La chimie enseignée par la biographie de ses fondateurs,* Paris, Hachette, 1865, l'ouvrage débute avec Boyle.

42. HOLMYARD (E.J.), *Alchemy,* Edimbourg, Pelican Books, 1957 ; trad. franç., *Alchimie,* Paris, Arthaud, 1963.

43. HOLMYARD (E.J.), *Makers of Chemistry,* Oxford, Clarendon Press, 1931.

44. HOLMYARD (E.J.), *The Great Chemists,* Londres, Methuen and Co., 1928.

45. HUTIN (S.), *Histoire de l'alchimie. De la science archaïque à la philosophie occulte,* (Marabout Université), Paris, Gérard et cie, 1971.

46. HUTIN (S.), *L'alchimie,* (Que sais-je ?), Paris, Presses Universitaires de France, 1962.

47. HUTIN (S.), *Les alchimistes,* voir III, C, 17.

48. KOPP (H.F.M.), *Beiträge zur Geschichte der Chemie,* Brunswick, F. Vieweg, 1869-75, 2 vol., section importante sur Geber.

49. KOPP (H.F.M.), *Die Alchemie in Alterer und Neuerer Zeit,* Heidelberg, 1886 ; rééd. G. Olms, 1962, 2 vol.

50. KOPP (H.F.M.), *Geschichte der Chemie,* Brunswick, F. Vieweg, 1843-47, 4 vol.

51. LEICESTER (H.M.), *The Historical Background of Chemistry,* New-York, Wiley, 1956.

52. LEICESTER (H.M.) and KLICKSTEIN (H.S.), *A Source Book in Chemistry, 1400-1900,* New-York, McGraw-Hill, 1952.

53. LINDSAY (J.), *The Origins of Alchemy in Greaco-Roman Egypt,* Londres, F. Muller, 1970 ; réimpr. 1971, couvre les aspects de la technique et de l'idéologie.

54. LOSENSKY-PHILET, *Das Verborgene Gesetz,* Isis Verlag, Gaustadt-bei-Bamberg, 1956.

55. LOYAU (Y.), *Alchimie et Chimie,* (Textes et documents pour la classe), France, n. 57, 21 mai 1970. Cité dans HUTIN (S.), *Histoire de l'alchimie* ; voir III, C, 45.

56. MAHDIHASSAN (S.), *Concepts de base de l'alchimie,* publié par Conseil de la Recherche scientifique, Karachi, Pakistan, sans date, rééd. dans *Janus,* 1970, n. 1, p. 42-52.

57. MARCARD (R.), *De la pierre philosophale à l'atome,* Paris, Plon, 1959.

58. MARCARD (R.), *Petite histoire de la chimie et de l'alchimie,* Bordeaux, Delmas, 1938.

59. MERCER (Rév. J.E.), *Alchemy, its Science and Romance,* Londres, Society for Promoting Christian Knowledge ; New-York, MacMillan and Co.

60. MORE (F.J.), *A History of Chemistry,* New-York, W.T. Hall, 1939.

61. MUIR (M.M.P.), *The Story of Alchemy and the Beginnings of Chemistry,* 1902.

62. MULTHAUF (R.P.), *The Origins of Chemistry,* Londres, Olbourne, 1966, l'auteur a rédigé plusieurs compte-rendus d'études contemporaines sur la question alchimique.

63. MURAISE (E.), *Le livre de l'ange,* Paris, Julliard, 1969, p. 16-144, ouvrage consacré à la légende flamellienne.

64. PARTINGTON, *A Short History of Chemistry,* Londres, Longmans, 1935.

65. PARTINGTON, *Origin and Development of the Applied Chemistry,* Londres, Longmans, 1936.

66. RANQUE (G.), *La Pierre philosophale,* Paris, Laffont, 1972, édition de quelques textes dont *L'ancienne guerre des chevaliers.*

67. READ (J.), *Humour and Humanism in Chemistry,* Londres, G. Bell, 1947.

68. READ (J.), *Prelude to Chemistry* ; *An Outline of Alchemy, its Literature and Relationships,* Londres, G. Bell and Sons, 1936.

69. READ (J.), *The Alchemist in Life, Literature and Art,* Londres, Nelson, 1947.

70. READ (J.), *Through Alchemy to Chemystry* (1957) ; trad. franç. J. BRECARD, *De l'alchimie à la chimie,* Paris, Fayard, 1959.

71. REDGROVE (H.S.), *Alchemy : Ancient and Modern, Being a Brief Account of the Alchemistic Doctrines . . . ,* Londres, W. Rider and Son, 1922.

72. ROMELIUS, *L'élixir de Longue Vie et la Pierre Philosophale,* Paris, Neclass, 1948.

73. ROOSEN-RUNGE (H.), *Alchimia : Ideologie und Technologie,* voir le détail à III, C, 30.

74. RUSKA (J.F.), *Arabische Alchemisten,* Heidelberg, C. Winter, 1924.

75. SADOUL (J.), *Le grand art de l'alchimie,* Paris, Albin Michel, 1973.

76. SADOUL (J.), *Le trésor des alchimistes,* (J'ai lu), Paris, 1971, ouvrage partiellement polémique.

77. SAVORET (A.), *Qu'est-ce que l'alchimie ?,* Paris, Psyché, 1947.

78. SHEPPARD (H.J.), *Alchemy : Origin or Origins ?,* dans *Ambix,* 1970, n. 2, p. 69-84.

79. SCHIPPERGES (H.), *Alchimia : Ideologie und Technologie,* voir le détail à III, C, 30.

80. SCHNEIDER (K.C.), *Geschichte der Alchemie,* Halle, 1832 ; rééd. Ulm, Arkana, 1959.

81. SHERWOOD (F.S.), *A History of Industrial Chemistry,* New-York, H. Schumann, 1957.

82. SHERWOOD TAYLOR (F.S.), *The Alchemists Founders of Modern Chemistry,* New-York, H. Schumann, 1949, rééd. Londres, W. Heimemann, 1951.

83. SINGER (C.), *The Earliest Chemical Industry,* Londres, Buckram, 1949.

84. STILLMAN (J.M.), *The Story of Alchemy and Early Chemistry* (1924), New-York, Dover Publications, 1960.

85. SURANY (M. de), *Alchimie,* Paris, Les Presses de l'Echiquier, 1966.

86. THOMPSON (J.J.C.), *The Lion and Romance in Alchemy,* 1932.

87. THOMPSON (T.), *History of Chemistry,* Londres, H. Colburn and R. Bently, 1830-31.

88. TILDEN (W.), *Famous Chemists. The Men and their Work,* Londres Rutledge, 1921.

89. VALLEMONT (Abbé Pierre de Lorrain), *Physique occulte ; traité de la baguette divinatoire* (1691), La Haye, éd. A. Moetgens, 1722, 2 vol., ne doit pas être confondu avec DE VALMONT, voir III, C, 23.

90. VON LIPPMANN (E.O.), *Die Entstehung und Ausbreitung der Alchemie,* Berlin, 1919-31, 2 vol. ; rééd. Weinheim, 1954, 3 vol.

91. WAITE (A.E.), *Lives of Alchemystical Philosophers,* Londres, Redway, 1888.

92. WAITE (A.E.), *The Secret Tradition in Alchemy,* Londres, Rider, 1926.

93. WEEKS (M.E.), *Discovery of the Elements,* Easton, Journal of Chemical Education, 1956.

94. WILLIAMS (H.S.), *Modern Development of the Chemical and Biological Science ; A History of Science,* New-York, Harper, 1904, 5 vol., consulter surtout le vol. IV.

D. Monographies diverses

1. ALLEAU (R.), *Énigmes et symboles du Mont Saint-Michel,* Paris, Julliard, 1970.

2. ALLEAU (R.), *Le mystère de la Dame à la Licorne,* dans *Réalités,* numéro de Noël, 1954.

3. AMADOU (R.), *Raymond Lulle et l'Alchimie,* Paris, Cercle du Livre, 1953.

4. BIGNAMI-ODIER (J.), *Études sur Jean de Roquetaillade,* Paris, Vrin, 1952.

5. BOLTON (A.C.), *The Follies of Science at the Court of Rudolph II, 1576-1612,* Milwaukee, Pharmaceutical Review Publishing Co., 1904.

6. CANSELIET (E.), « Commentaire », dans *Les Douze Clefs de la Philosophie,* voir IV, B, 88, sur Basile Valentin.

7. CANSELIET (E.), « Introduction » et « Commentaires », dans *Mutus Liber,* voir IV, B, 7 sur Altus.

8. CANSELIET (E.), « Préface », dans *Le Livre des figures hiéroglyphiques,* voir IV, B, 33, sur Nicolas Flamel.

9. GRAVEN (J.B.), *Count Michael Maler, Doctor of Philosophy and of Medecine, Alchemist Rosicrucian, 1568-1622 ; Life and Writings,* Londres, Dawson of Pall Mall, 1969.

10. CYCLIANI, *Hermès dévoilé : dédié à la postérité,* Paris, Chacornac, 1961.

11. DUNCAN (E.H.), *The Literature of Alchemy and Chaucer's Canon's*

Yeoman's Tale : Framework, Theme and Characters, dans *Speculum,* 1968, n. 4, p. 633-656.

12. FESTUGIÈRE (A.J.), *Hermétisme et mystique païenne,* Paris, Aubier-Montaigne, 1967, Étude fondamentale.

13. FESTUGIÈRE (A.J.), *La révélation d'Hermès Trismégiste,* Paris, Gabalda, 1950-54, 4 vol., ouvrage fondamental pour l'étude de l'alchimie.

14. GORCEIX (B.), *Alchimie et littérature au XVIIième siècle en Allemagne,* dans *Études Germaniques,* 1971, n. 1, p. 18-31. Couvre Johann Valentin Andress (1586-1654) et son roman initiatique *Chymische Hochzeit Christiani Rosencreutz* (Noces chimiques du chrétien Rose-Croix), Strasbourg, 1616 ; Christian Knorr von Rosenroth (1636-1689) et son drame *Conjugium Phoebi et Palladis,* Sulbach, 1677. Voir III, D, 43 ; C. Knorr von Rosenroth serait le transcripteur (sic) de l'*Aesh Mezarreph* : voir IV, B, 1.

15. GUILLOT (R.P.), *Le sens magique et alchimique du Kalevala,* Paris, Dervy-Livres, 1970. Couvre la région « nordique » de l'Europe.

16. GUSENIUS (E.M.), *Beginnings of Greatness in Swedish Chemistry : Georg Brandt (1684-1768),* dans *Transactions of the Kansas Academy of Sciences,* 1967, n. 1-4, p. 413-425.

17. HUBICKI (W.), *The Religious Background of the Development of Alchemy and Chemistry at the Turn of the XVIth and XVIIth Century,* dans *Actes du XVIIième Congrès International d'Histoire des Sciences,* Paris, 1968, Tome III, A ; Paris, Blanchard, 1971, aspect idéologique et politique.

18. HUSSON (B.), « Préface ». Voir IV, B, 6 sur « les Alberts ».

19. IDELER (J.L.), *Physici et Medici graeci minores,* Berlin, 1841-42, 2 vol.

20. KITCHING (C.), *Alchemy in the Reign of Edward VI : An Episode in the Careers of Richard Whalley and Richard Eden,* dans *Bulletin of the Institute of Historical Research,* 1971, n. 110, p. 308-315.

21. KOYRÉ (A.), *Mystiques, spirituels, alchimistes du XVIième siècle allemand,* Paris, Armand Collin, 1955 ; rééd. Gallimard, 1971.

22. KRAUS (P.), voir IV, B, 36, sur Geber.

23. LARGUIER (L.), *Le faiseur d'or Nicolas Flamel,* (J'ai lu), Paris, 1970, roman.

24. LÉVI (E.), *La clef des Grands Mystères suivant Hénock, Hermès Trismégiste et Salomon,* Paris, Alcan, 1897.

25. MOGES (Dr), *Interprétation picturale et gravée de la théorie humorale dans l'œuvre de A. Dürer,* dans *Cahiers d'études cathares,* 1971, n. 51, p. 44-61.

26. MURAISE (E.), voir III, C, 63, sur Flamel.

27. PENG-YOKE (H.), *Alchemy in Ming China* (A.D. 1368-A.D. 1644), dans *Actes du XVIIième Congrès International d'Histoire des Sciences,* Paris, 1968 Tome III A ; Paris, Blanchard, 1971, déclin de l'alchimie à cause de la perte et de la destruction des textes.

28. PERNETY (Dom A.J.), *Les fables égyptiennes et grecques dévoilées et réduites au même principe, avec une explication des hiéroglyphes et de la guerre de Troye,* Paris, Delalain l'Ainé, 1786, 2 vol.

29. POISSON (A.), *Nicolas Flamel : sa vie, ses fondations, ses œuvres,* Paris, Chacornac, 1893, édition du *Livre des figures hiéroglyphiques.*

30. PORTMANN (M.L.), *Theodor Zwingers Briefwechsel mit Johannes Runge. Ein Beitrag zur Geschichte der Alchimie im Basel des 16 Jahrhunderts,* dans *Gesnerius,* 1969, n. 3-4, p. 154-163.

31. PROBST (J.H.), *La mystique de Ramon Lull et l'art de Contemplacio,* suivi du texte catalan (Ms. 67), Münster, Aschendorff, 1914.

32. RABINOVIC (V.L.), *Prévisions théoriques et leur interprétation,* dans *Naucnoe otrytie i ego vosprijatie,* Moscou, Izdatelsvo Nauka, 1971, p. 146-155. D'après les traités d'alchimie de Roger Bacon (sic).

33. RABINOVIC (V.L.), *Symbolisme en alchimie occidentale et tradition d'Ibn Roshd,* dans *Actes du XVIIième congrès international d'Histoire des Sciences,* 1971, Colloques. Rédigé en russe. Voir n. 27 de cette section.

34. ROCCHIETTA (S.), *Leonardo da Vinci (1452-1519) e l'alchimia del suo tempo,* dans *Boletin de la Societad Espanola de Historia de la Farmacia,* 1969, n. 6, p. 531-536.

35. RUSKA (J.F.), *Studien zu den Chemisch — Technischen Rezeptsammlungen des Liber sacerdotum,* Berlin, 1936.

36. RUSKA (J.F.), *Tabula Smaragdina ; Ein Beitrag zur Geschichte der Hermetischen Literatur,* Heidelberg, 1926.

37. RUSKA (J.F.), *Turba philosophorum, Ein Beitrag zur Geschichte der Alchemie,* Berlin, J. Springer, 1931.

38. SARTON (G.L.), *The Appreciation of Ancient and Medieval Science during the Renaissance,* Philadelphie, University of Pensylvania, 1955.

39. SIMA (Ibn), *Lexique de la langue philosophique d'Avicenne,* Paris, Desclée de Brouwer, 1938.

40. SOULARD (H.), *Alchimie occidentale et alchimie chinoise,* dans *Bull. Assoc. Guill. Budé,* 1970, n. 1, p. 185-198.

41. SZPILCZYNSKI (S.), *Pedemontanis and its Reception in Poland,* dans

Actes du XVIIIème congrès international d'Histoire des Sciences, Moscou, 1971, section VI. Couvre l'alchimie (*De Secretis*) ; Pedemontus et Paracelse.

42. THOMAS (P.D.), *The Alchemy Thought of Walter of Odington,* dans *Actes du XVIIième congrès international d'Histoire des Sciences,* 1968, Tome III A ; Paris, Blanchard, 1971.

43. VALENTIN ANDRESS (J.), *Les noces chimiques de Christian Rosencreutz,* (1616), rééd. Paris, Auriger et Chacornac, 1928, voir III, D,14.

44. VILLAIN (E.F.), *Histoire critique de Nicolas Flamel et de Pernelle sa femme ; recueillie d'actes anciens qui justifient l'origine et la médiocrité de leur fortune contre les imputations des alchimistes. On y a joint le testament de PERNELLE et plusieurs pièces intéressantes,* Paris, G. Desprez, 1761.

45. WILKINSON (R.S.), *The Hartlieb Papers and Seventheenth Century Chemistry,* dans *Ambix,* 1970, n. 2, p. 85-110, Iatrochimie.

46. ZIEGLER (G.), *Nicolas Flamel,* Paris, Grasset, 1971.

IV. ÉDITIONS

A. **Recueils (compendia)**

N.B. Étant donné le degré des difficultés qu'entraînerait l'ordre alphabétique par auteurs, les titres de cette section ont été regroupés selon l'ordre chronologique de publication.

1. *In hoc volumine DE ALCHEMIA continentur haec. Gebri Arabis (...) De investigatione perfectionis metallorum,* Nuremberg, 1541. Contient entre autres, la *Tabula smaragdina Hermetis Trismegiste* et le *Commentaire d'Hortulanus.* Voir aussi IV, A, 4.

2. *PRETIOSA MARGARITA novella de thesauro ac pretiosissimo philosophorum lapide, artis huius divine typus et methodus collectanea ex Arnoldo, Raymundo, Rhasi, Alberto et Michaele Scoto,* édité et commenté par Janus Lacinius Therapus, Venise, 1546, réimpr. Venise, 1557, trad. allemande par Wolfgang George Stollen, Leipzig, 1714.

3. *Verae alchemiae artis que metallicae (...) Doctrina,* compilé et édité par Guglielmo Gratarolo, Bâle, 1561, 2 vol., contient 53 textes.

4. *ARS CHEMICA, quod sit licita recte exercentibus, probationes doctissimorum iurisconsultorum,* Strasbourg, 1566. Contient, entre autres, le *Tractatus aureus* et la *Tabula smaragdina* d'Hermès Trismégiste et le *Commentaire* d'Hortulanus. Voir aussi IV, A, 1.

5. *Auriferae artis, quam chemiam vocant...,* Bâle, édité par Petrus Pernam, 1572, 2 vol., rééd. sous le titre *Artis auriferae, quam chemiam*

vocant..., Bâle, 1593, 2 vol. ; Bâle, 1610 : 3 vol. Contient notamment : Tome I : Une édition de différents textes de la *Turba Philosophorum,* plusieurs commentaires de la Tourbe..., une *Practica* de Marie la prophétesse, le *Conglutinatione lapidis* d'Avicenne, l'*Allegoria* de Merlin, etc... Tome II : le *Rosarum philosophorum* et plusieurs autres traités alors attribués à Arnauld de Villeneuve, la traduction arabolatine du livre de Morienus sur Calid, etc...

6. *AUREUM VELLUS...*, Rorschach, 1598 ; en trad. franç. part. I, La Toyson d'or, Paris, 1612. Contient, entre autres, le *Splendor solis* de Salomon Trismontin.

7. *THEATRICUM CHEMICUM, praecipuus selectorum auctorum tractatus,* éd. Lazarus Letzner, Ursel, 1602, 3 vol. ; vol. IV : Strasbourg, 1613 : vol. V : Strasbourg, 1622 ; vol. VI : Strasbourg, 1661. Contient 209 traités dont ceux de Bernard le Trévisan, Aegidius de Vadis, une *Turba philosophorum,* le *Monas hieroglyphica* de J. Dee et l'*Arcanum philosophorum.*

8. *THESAURINELLA OLYMPICA AUREA TRIPARTITA,* compilé par FIGULUS BENEDICTUS, Francfort, 1608.

9. *ROSARIUM NOVUM OLYMPICUM ET BENEDICTUM,* compilé par FIGULUS BENEDICTUS, Bâle, 1608.

10. *THEATRUM CHEMICUM BRITANNICUM,* rassemblé et annoté par Elias Ashmole, Londres, N. Brooke, 1652, textes de philosophes hermétiques anglais.

11. *BIBLIOTHÈQUE DES PHILOSOPHES CHIMIQUES ET ALCHIMIQUES,* édité par William Salmon, Paris, 1672 ; 1678 ; rééd. Jean Maugin de Richebourg, 1740-1754. Voir le détail au IV, B. 80.

12. *MUSÆUM HERMETICUM reformatum et amplificatum,* édité par (K.A.H.) Frick, (Francfort), 1677 ; reprod. anast., Graz, 1970. Contient 21 textes dont un *Tractatus aureus* d'Hermès, le *Summarium philosophicum* de Flamel et les Philalèthes.

13. *BIBLIOTHECA CHEMICA CURIOSA, seu rerum ad alchimiam pertinentium instructissimus, quo non tantum artis aurifae,* édité par Mangetus (Joannes Jacobus), Coloniae Allobrogum, 1702, 2 vol. Contient 140 textes dont un *Tractatus aureus* d'Hermès, la *Turba philosophorum,* la *Summa perfectionis magisterii* de Geber, un *Compendium* de Lulle, le *Rosarium philosophorum,* le *Liber de arte chimica* de Marsile Ficin, un *Mutus Liber* légèrement différent de l'édition de La Rochelle (1670).

14. *DEUTSCHES THEATRUM CHEMICUM,* édité par Friedrich Roth-Scholtz, Nuremberg, 1727-1732. Contient 52 traités. Plusieurs remarques biographiques et bibliographiques.

15. *BIBLIOTHÈQUE DES PHILOSOPHES CHIMIQUES, ET ALCHIMIQUES,* édité par (J.) Maugin de Richebourg, voir le détail à IV, A, 11.

16. *COLLECTION DES ANCIENS ALCHIMISTES GRECS,* édité par (M.P.E.) Berthelot, Paris, éd. G. Steinheil, 1887-88, 3 vol., transcriptions et traductions.

17. *LA CHIMIE AU MOYEN-ÂGE, HISTOIRE DES SCIENCES,* édité par (M.P.E.) Berthelot, Paris, Imprimerie Nationale, 1893, 3 vol. Traditions techniques et traductions arabo-latines. Alchimie syriaque. Nouvelle publication du *Liber ignium* de Marcus Graecus, impression originale du *Liber Sacerdotum.* Suite de la *Collection des anciens alchimistes grecs ;* voir IV, A, 16 et III, C, 6.

B. **Autres textes édités**

N.B. Par ordre alphabétique d'auteurs.

1. ABRAHAM LE JUIF (aussi nommé ABRAHAM ELEAZAR), *Aesch Mezareph* (aussi nommé *le Livre du Feu Purifiant*), transcrit et publié par C. Knorr von Rosenroth, 1714 ; rééd. par Dr. Wynn Westcott, 1894 ; traduit et édité par Eliphas Lévi dans *Histoire de la Magie . . . ,* Paris, Félix Alcan, 1922.
Original perdu. Attribution contestée par plusieurs. L'histoire de cet ouvrage est impliquée dans l'histoire du *Livre des Figures Hiéroglyphiques* attribué à Nicolas Flamel : voir IV, B, 33 et III, D, 14.

2. AGRIPPA (Henri Corneille), *De Occulta Philosophia,* Lyon, Beringos Fratres, 1550.

3. ALAIN DE LILLE, *Liber de planctu naturae anticlaudianus siue de officio viri boni . . . ,* voir IV, B, 27.

4. ALBERT LE GRAND, *Albertus Magnus : Books of Minerals,* éd. crit. par D. Wyckoff, Oxford, Clarendon Press, 1967.

5. ALBERT LE GRAND, *Liber de Mineralibus et Tractatus de Anima,* dans *Opera . . . ,* Lyon, P. Jammy, 1651, vol. II et III ; rééd. dans *Opera Omnia (. . .) cura ac labore Augusti Borgnet,* Paris, Vivès, 1890-1899 ; rééd. dans *Opera Omnia ad fidem codicum MSS edenda . . . ,* Institut Albert-le-Grand de Cologne, Aschendorff, 1951.

6. « ALBERT » (PSEUDO-ALBERT), *Le Grand et le Petit Albert,* éd. B. Husson, Paris, Belfond, 1970.
Ces textes, d'origine douteuse, recoupent en certains points des textes attribués à Albert le Grand. Voir aussi le traité attribué à Albert le Grand dans le recueil *Theatricum Chemicum* : IV, A, 7.

7. ALTUS, *Mutus Liber,* La Rochelle, 1677, rééd. Paris, J.J. Pauvert, 1967, ouvrage rédigé entièrement en écriture hiéroglyphique. Voir aussi IV, A, 13.

8. ANONYME, *Artis chemicae Principes, Avicenna atque Geber quorum alter nunquam in lucem prodit,* Bâle, 1572.

9. ANONYME, *Le Livre des 12 Bonnes eaux,* éd. par W.L. Braekman et A. Devolder, dans *Académie des sciences historiques de Belgique,* 1969, n. 2, p. 65-81, édition du traité datant du XVième s.

10. ANONYME, *Liber de sex rerum principiis* (1135-1147), éd. par Th. Silverstein, dans *Arch. hist. doctr. litt. du Moyen-Âge,* 1965, n. 22, p. 217-301.

11. ANONYME, *Jardinet hermético-spagyrite,* Francfort, 1625. Compilation de 160 alchimistes représentés chacun par un médaillon et une citation de leurs textes respectifs.

12. ANONYME, *Mappae Clavicula* (IXième s.) ; rééd. par Sir Thomas Philipps *Mappae Clavicula : a Treatise on the Preparation of Pigments during the Middle Age,* dans *Archeologia,* vol. XXXII, Londres, 1847, p. 183-244. Traité de plus d'une centaine de recettes empiriques.

13. ARISTOTE, *Les Météorologiques,* trad. franç., J. Tricot, Paris, Vrin, 1955.

14. ARNOLD DE VILLANOVA, *Opera,* Voir IV, B, 32.

15. AUBERTI (J.), *De Metallorum Arte et Causis Contra Chemistas Brevis Explicatio,* Lyon, 1574.

16. AURELIUS AUGURELLUS (P.I.), *Ariminensis Chrysopoeia et Gerontico,* Bâle, Froben, 1518.

17. AVICENNE, *De congelatione et conglutinatione lapidum,* éd. par E.J. Holmyard et D.C. Mandeville, Paris, 1927. Pour un excellent résumé de la position d'Avicenne sur la question alchimique, on consultera : ANAWATI (C.), *Avicenne et l'alchimie,* dans *Accademia Nazionale dei Lincei ; Convegno Internazionale,* Rome, 1971, p. 285-341.

18. BACON (R.), *Opus Majus . . .*, rééd. par J.H. Bridges, Oxford, Clarendon Press, 1897, vol. 2, p. 211 et s.. Voir aussi *De secretis operibus naturae* et *Secretum secretorum,* dans *Rogeri Bacon Opera Quaedam hactenus inedita,* éd. par J.S. Brewer, Londres, Longman and Roberts, 1859.

19. BASILE VALENTIN, *Chymische Schriften, Les douze clefs de la philosophie, Révélation des mystères . . .*, voir le détail à IV, B, 87, 88, 89.

20. BEGUIN (J.), *Les éléments de Chymie,* augm. par J. Lucas le Roy, Lyon, P. et C. Rigaud, 1656.

21. BERNARD DE TRÈVES, *La branchette,* voir IV, B, 31.

22. COSMOPOLITE, *Novum Lumen Chymicum . . .*, Cologne, Antoine Boëtzer, 1610, le vocable « cosmopolite » regroupe les textes attribués à Michael Sendivogius et Alexandre Sethon.

23. DE BEAUVAIS (V.), *Speculum quadruplex sive speculum majus, naturale, doctrinale, morale, historiale,* photo-réimpression de l'édition de Douai (1624), 4 vol., Akademische Druck und Verlagsanstalt, 1965, voir les *Speculum naturale* et *Speculum doctrinale.*

24. DE BERRY, *Les Très riches heures de Jean de France, duc de Berry,* Paris, P. Durrieu, 1904. Titre original : *Très riches heures du duc de Berry,* XVe s., Bibliothèque du Musée de Condé. Voir aussi le ms. latin *Grandes heures du duc de Berri,* 1413, Paris, Bibliothèque de l'Arsenal, ms. latin 919. L'illustration de l'ouvrage original fut réalisée par une équipe d'enlumineurs dont Jehan Flamel, frère cadet de Nicolas. Voir IV, B, 33.

25. DEE (J.), *Monas Hieroglyphica.* Voir IV, A, 7. Édition critique par C.H. Josten, dans *Ambix,* 1964, n. 2 et 3.

26. D'EGINE (Paul), (aussi nommé *ÆGINETA* et *EGINETE*), *Praecepta Salubria,* Paris, 1527.

27. DE LILLE (A.), *Liber de Planctu naturae et anticlaudianus sive de officio viri boni . . . ,* éd. par J.-P. MIGNE, *Patrol. lat.,* T. CCX, col. 429-576.

28. DELLA PORTA (G.), *La magie naturelle, qui est les secrets et miracles de nature, mise en quatre livres . . .* (1598), Rouen, T. Daré, 1612.

29. DE MEUNG (J.), (nommé aussi « Jean Clopinel »), *Le Roman de la Rose,* Paris, Gallimard, 1949 (Ch. XIV, XVI et XVIII) ; voir IV, B, 76 et IV, B, 80.

30. DENIS ZACHAIRE, *Opuscule très excellent . . . ,* voir IV, B, 91.

31. DE TRÈVES (Bernard), *La Branchette* (XIVième siècle), dans *Anagrom,* n. 2, 1973. Notes bibliographiques sur Bernard de Trèves et Bernard le Trévisan. Voir aussi IV, A, 7 sur DE TRÉVISAN.

32. DE VILLANOVA (A.), *Opera,* éd. par Th. Morchius, Lyon, 1504.

33. FLAMEL (N.), *Le Livre des figures hiéroglyphiques, Le sommaire philosophique, Le désir désiré,* Lyon (rééd. Bibliotheca hermetica), Paris, Denoël, 1970. Réimpression de l'édition de Salmon. Voir IV, B, 80, l'ouvrage *Le Livre des figures . . .* est impliqué dans l'histoire de l'*Aesh Mezarreph* attribué à Abraham le Juif : voir IV, B, 1.

34. GEBER (Jabir Ibn Hayyan), *Geber and Jabir Ibn Hayyan : An Authentic Sixteenth Century Quotation from Jabir,* par (M.) PLESSNER, dans *Ambix,* 1969, n. 3, p. 113-118. Concerne l'attribution du texte *Summa perfectionis magisterii.*

35. GEBER (Jabir Ibn Hayyan), *Testamentum Gebri,* par (B.) SOREN JORGENSEN, dans *Centaurus,* 1968, n. 2, p. 113-119. Édition du texte datant du XVième s.

36. GEBER (Jabir Ibn Hayyan), *Textes choisis,* édité par P. Krauss, le Caire, Impr. de l'Institut français d'archéologie orientale, 1943. Voir aussi IV, A, 13.

37. GOHORRY (J.), (éd.), *De la transformation métallique ... trois anciens tractez en rithme françoise,* Paris, Guillard et Warancore, 1561. Contient *La fontaine des amoureux de science, Sommaire philosophique* de N. Flamel et *Remontrances de Dame Nature à l'alchimiste errant.* Gohorry éditeur est le même individu que Leo Suavius, auteur de *De usu et misteris notarum,* 1550.

38. HERACLIUS, *De coloribus et artibus romanorum* (XIIième s.) ; rééd. par A. ILG, *Heraklius, Von den Farben und Künsten der Römer,* Vienne, 1888, recoupe environ la moitié des recettes de la *Mappae Clavicula.*

39. HERMÈS TRISMÉGISTE, *Tabula Smaragdina* (*Table d'émeraude*), éd. par R. Allerdy (Voile d'Isis), Paris, 1921, le commentaire d'Hortulanus est compris.

40. HORTULANUS (M.), *Synonymorum in arte alchimista expositio,* Bâle, 1571. *Libellus de praeparatione elixir,* Bâle, 1571. *De mineralibus liber,* Bâle, 1571. Consulter aussi III, A, 15 ; IV, A, 1 et IV, A, 4. Nommé parfois HORTULAIN et ORTOLAN.

41. JEAN DE MEUNG, *Le Roman de la Rose,* voir le détail à IV, B, 29.

42. KHUNRATH (H.), *Alchymisch-Philosophisches Bekenntniss vom Universalen Chaos der Naturgemässen Alchymie,* Leipzig, A.F. Bähemen, 1786.

43. KHUNRATH (H.), *Amphitheatrum aeternae sapientiae ...,* Prague, 1598, trad. franç. : *Amphithéâtre de l'éternelle sapience ; texte complet traduit pour la première fois du latin au français, Bibliothèque rosicrucienne,* Paris, Chacornac, 1900. L'ouvrage contient des images du *Mutus Liber.* L'ouvrage est titré *La clef mystérieuse de la sagesse éternelle* dans CAILLET, voir H, 8.

44. KHUNRATH (H.), *De igne magorum philosophorumque secreto externo et visibili ...,* Leipzig, A.F. Bähemen, 1783.

45. KHUNRATH (H.), *Von Hylealischen, das ist, Pri-materialischen Catholischen, oder Algemeinen Natürlichen Chaos,* Magdebourg, 1597.

46. KHUNRATH (H.), *Wahrhafter Bericht vom Philosophischen Athanor und ...,* Leipzig, A.F. Bähemen, 1783.

47. LEYDE (PAPYRUS DE), Voir édition par BERTHELOT (M.P.E.), III, C, 6.

48. LULLE (R.), *Choix de textes,* trad. franç. L. Sala-Wolins, Paris, Aubier, 1967. Contient : *L'Arbre de Philosophie et d'Amour* ; *le Livre de l'ami et de l'aimé* ; choix de textes philosophiques et mystiques.

49. LULLE (R.), *Doctrine d'enfant,* texte établi par A. Llinarès, Paris, Librairie C. Klincksieck, 1964.

50. LULLE (R.), *Le Codicille,* trad. franç. L. Borysson, Paris, Le Cercle du Livre, 1953.

51. LULLE (R.), *Le Livre des Bêtes,* trad. franç. par A. Llinarès, Paris, Librairie C. Klincksieck, 1964.

52. LULLE (R.), *Le Livre des Gentils et des Trois Sages,* trad. franç. A. Llinarès, Paris, Presses Universitaires de France, 1966.

53. LULLE (R), *Le Livre d'Evast et de Blaquerne,* trad. franç. A. Llinarès, Paris, Presses Universitaires de France, 1970.

54. LULLE (R.), *Liber de Predicatione,* éd. par (A.) Soria-Flores, O.F.M., Palma de Majorque, 1963.

55. LULLE (R.), *Opera Omnia,* éd. Y. Solzinger, Moguntiae, 1722-42, 10 vol.

56. LULLE (R.), *Opera Parisiensia,* éd. H. Riedlinger, Palma de Majorque, 1967.

57. LULLE (R.), *Musaeum hermeticum ...,* voir le détail à IV, A, 12 ; *Bibliotheca chemica curiosa ...,* voir le détail à IV, A, 13 ; *La mystique de Ramon Lull ...,* voir le détail à III, D, 31.

58. MAIER (M.), *Atalanta Fugiens* (1617), éd. par H.M.E. De Jong, Leiden, E.I. Brill, 1969.

59. MAIER (M.), *Symbola aurea mensae duodecim nationum ...,* Francfort, Typis Antonis, 1617.

60. MARBODE, *De gemmarum lapidum ...,* éd. par H. Alopecius, Cologne, 1539, ouvrage médical.

61. MARBODE, *Marbodei galli poetae vestustissimi de lapidibus pretiosis encheridion ...,* Fribourg (Breisgau), 1531.

62. MARBODE, *De gemmarum lapidum,* éd. par H. Alopecius, Cologne, 1539.

63. MARBODE, *De gemmis, scriptum Evacis regis arabum olim a poeta ...,* Leipzig, Georgius Defnerus, 1585.

64. MARBODE, *Marbodi liber lapidum seu de gemmis, varietate lectionis et perpetua annotatione illustratis beckmanno ...,* Göttingen, Typis Ioann Christian Dieterich, 1799.

65. MICHAEL MAIER, *Atalanta fugiens symbola aurea mensae ...,* voir les détails à IV, B, 58 ; IV, B, 59.

66. MICHEL SCOTUS, *De secretis naturae opusculum,* voir le détail à IV, B, 81.

67. MORIENUS, *De transfiguratione metallorum et occulta antiqua philosophorum medicina,* Paris, F. Guillard, 1959, voir aussi IV, A, 4 et IV, A, 5.

68. MORIENUS, *The Original Text of the Latin « Morienus »,* par (L.) STAVENHAGEN, dans *Ambix,* 1970, n. 1, p. 1-12.

69. NICOLAS FLAMEL, *Le livre des figures hiéroglyphiques, Le Sommaire philosophique, Le désir désiré,* voir le détail à IV, B, 33.

70. PARACELSE, *Hermetic and Alchemical Works,* Warte, 1966, 2 vol.

71. PARACELSE, *Opera Omnia,* K. Sudkoff, Munich, 1922-25, 16 vol.

72. PAULLINI (Dr. C. Frantz), *Heilsame Dreckapothecke* (*La salutaire pharmacie stercorale*), Francfort, 1687, 1693, 1713, 1734, 1847.

73. PETRUS BONUS, *Introductio in Divinam Chemiae Artem integra magistri Boni Lombardi Ferrariensis phisici,* édité par Michael Toxites, Bâle, 1572 ; réimpr. par Jacques Foillet, Montbéliard, 1602 ; réimpr. par Lazarus Letzner, Strasbourg, 1608, contient une édition « plus complète » de la *Pretiosa Margarita.* Voir aussi IV, A, 2 ; IV, A, 7 ; IV, A, 13.

74. PLINE L'ANCIEN, *Histoire naturelle* (Les Belles Lettres), Paris, G. Budé, 1947, Livres XXXII à XXXVII.

75. RAYMOND LULLE, *Opera Omnia,* voir le détail à IV, B, 55.

76. RIGAUD (P.), *La métallique transformation, contenant trois anciens traictez en rithme françoise,* Lyon, chez Pierre Rigaud, 1618, contient, entre autres, le *Sommaire philosophique* de Flamel et un extrait du *Roman de la Rose* de Jean de Meung.

77. ROGER BACON, *Opus Majus,* voir le détail à IV, B, 18.

78. ROUSSIN (R.), *Discours des Admirables Vertus de l'or Postable,* Lyon, 1578.

79. RUSKA (J.), voir III, D, 35, sur le *Liber sacerdotum* ; voir III, D. 36, sur *La Tabula Smaragdina* ; voir III, D, 37, sur *Turba philosophorum.*

80. SALMON (W.), éd., *Bibliothèque des philosophes chimiques et alchimiques,* Paris, 1672 ; rééd. C. Amyot, 1678 ; rééd. par Jean Maugin de Richebourg, Paris, A. Cuilleau, 1740-1754, 4 vol., voir IV, A, 14, contient :

Tome I : *La Table d'Émeraude* et le *Commentaire* d'Hortulain
Les sept chapitres attribués à Hermès
Le dialogue de Marie et d'Aros
La forme de la Perfection de Geber
La Tourbe

Tome II : *Entretien du roi Calid et du Philosophe Morien sur le magistère d'Hermès, rapporté par Galip, esclave du Roi*
Le livre d'Artéphius, ancien philosophe
Le livre de Synesius
Le livre de Nicolas Flamel (précédé d'un Avertissement)
Le sommaire philosophique de Nicolas Flamel
Le désir désiré de Nicolas Flamel
Le livre de la philosophie naturelle des métaux (le Trévisan)
Le parole délaissée (le Trévisan)
Le songe vert
Opuscule de Philosophie naturelle des métaux de Zachaire
Tables

Selon Barbier, les notes de l'édition 1740-1754 sont attribuables à N. Lenglet du Fresnoy qui a aussi édité une *Histoire de la philosophie hermétique* (voir II, 14) et *Le roman de la rose* auquel il joint plusieurs textes d'alchimie. *Le Supplément à la Bibliothèque des philosophes chimiques...*, Paris, Lamy, 1753-1782 n'est qu'un faux titre couvrant un recueil d'ouvrages attribués à Nicolas Flamel.

81. SCOTUS (M.), *De Secretis Naturae opusculum,* Lyon, 1580.

82. SERENUS SAMMONICUS (Quintus), *Quinti Sereni Liber medicinalis,* éd. F. Vollmer, Leipzig, Berlin, 1916 ; trad. franç. L. Beaudet, Paris, 1845.

83. STOLTZENBERG (Stoltzius von), *Uiridarium Chymicum* (...) *Picturis illustratum* (Francfort, 1624), rééd. Darmstadt, 1964. Véritable recueil d'iconographie chimique : 107 gravures provenant de divers ouvrages.

84. THEOPHILUS PRESBYTER, *De diversis artibus* (XIIième s.) ; rééd. et trad. angl. par C.R. DODWELL, *Theophilus, De Diversis Artibus, The Various Arts,* Londres, 1961, traité de recettes empiriques.

85. « THOMAS D'AQUIN », *Aurora consurgens,* (traité attribué à Thomas d'Aquin), édité et commenté par Marie-Louise von Franz ; traduit par R.F.C. Hull et A.S.B. Glover, série Bollingen, Pantheon Books, 1966.

86. THOUSSAINT LIMOJON DE SAINT-DIDIER (A.),, *Lettre d'un philosophe sur le secret du Grand Oeuvre au sujet de ce qu'Aristée a laissé par écrit à son fils,* La Haye, 1686-87. L'ouvrage se veut un commentaire d'un traité du IVième s. avant notre ère.

87. VALENTIN (B.), *Chymische Schriften,* Hambourg, 1700.

88. VALENTIN (B.), *Les Douze clés de la Philosophie,* Paris, Minuit, 1956.

89. VALENTIN (B.), *Révélation des mystères des teintures des sept métaux,* Paris, Savoret, 1954.

90. VINCENT DE BEAUVAIS, *Speculum Quadruplex...*, voir IV, B, 23.

91. ZACHAIRE (D.), *Opuscule très Excellent de la Vraie Philosophie des Métaux,* Lyon, 1574.

V. L'ALCHIMIE DANS L'HISTOIRE DU SAVOIR

A. Histoire de la philosophie

1. AGRIPPA (H.C.), *De Occulta Philosophia,* voir le détail à IV, B, 2.
2. AMBELAIN (R.), *Le Dragon d'or,* voir le détail à V, D, 1, 1.
3. ARTAUD (A.), *Le Mexique et la Civilisation,* dans *Les Tarahumaras,* Paris, L'Arbalète, 1963.
4. BACHELARD (G.), *Essai sur la connaissance approchée,* Paris, Vrin, 1970.
5. BACHELARD (G.), *La formation de l'esprit scientifique,* Paris, Vrin, 1969.
6. BACHELARD (G.), *Psychanalyse du Feu,* Paris, Gallimard, 1970.
7. BARRETT (F.), *The Magus or Celestial Intelligence : Being a Complete System of Occult Philosophy,* Londres, Lackington and Aller, 1801. Voir du même auteur, III, C, 4.
8. BROGLIE (J.A. de), *Le Sablier d'Or, Recherche sur l'œuvre alchimique,* Paris, Flammarion, 1971.
9. BURKHARDT (T.), *Alchemy, Science of the Cosmos, Science of the Soul,* Londres, Stuart and Watkins, 1967.
10. BURLAND (C.A.), *The Arts of the Alchemists . . .,* voir le détail à III, C, 13.
11. CARO (R.), *Légende des Frères Amis de la Rose-Croix,* Les Angelots, en vente chez l'auteur, voir aussi III, A, 6 et III, A, 7.
12. CORBIN (H.), *Terre céleste et corps de résurrection,* Paris, Buchet-Chastel et Corrêa, 1960.
13. DAMPIER (W.), *A History of Science and its Relations with Philosophy and Religion,* voir le détail à V, B, 3.
14. DE GIVRY (G.), *Le Grand Oeuvre, 12 méditations sur la Voie ésotérique de l'Absolu,* Paris, Chacornac, 1960.
15. DELCAMP (E.), *Les travaux d'Hercule,* Maizière-lès-Metz, Le lien, 1964.
16. DU FRESNOY (N.L.), *Histoire de la Philosophie hermétique,* voir le détail à II, 14.
17. EDSMAN (C.M.), *Ignis Divinus . . .,* voir le détail à V ,E, 8.
18. ELIADE (M.), *Aspects du mythe* (Idées, n. 32), Gallimard, 1963, p. 26 et ss.

19. EVOLA (J.), *La tradition hermétique,* voir le détail III, C, 31.

20. EVOLA (J.), *Métaphysique du Sexe,* Paris, Payot, 1959.

21. FAIVRE (A.), *Pour une approche figurative de l'alchimie,* dans *Annales, Économies, Sociétés, Civilisations,* 1971, n. 3 et 4.

22. FLAMAND (E.C.), *Érotique de l'alchimie,* Paris, Belfond, 1970.

23. GARSTIN (E.L.), *The Fire of the Alchemists,* Londres, Rider, 1926.

24. GOLTZ (D.), *Versuch einer Grenzziehung zwischen « Chemie » und « Alchemie »*, Sudkoff, 1968. Idéologie, Langage, Symbole.

25. HALL (M.P.), *An Encyclopedic Outline of Masonic . . .*, voir le détail à III, A, 14.

26. HEINDEL (M.), *Cosmogonie des Rose-Croix* (Philosophie ésotérique chrétienne), Paris, I.E.P., 1959.

27. HOPKINS (J.), *Alchemy, Child of Greek Philosophy,* New-York, Columbia University Press, 1934.

28. HUTIN (S.), *L'amour magique,* Paris, Albin Michel, 1971.

29. HUTIN (S.), *Les gnostiques* (Que Sais-je, n. 808), Paris, P.U.F., 1970.

30. HUTIN (S.), *L'Immortalité physique dans les traditions et devant la science,* Maizières-lès-Metz, Le Lien, 1969.

31. HUTIN (S.), *Voyages vers ailleurs.* Paris, Fayard, 1962.

32. JONES (M.), *Occult Philosophy,* Llewellyn, 1948.

33. JUNG (C.G.), *Psychologie et alchimie* (1944), Paris, Buchet-Chastel, 1970, contient une bibliographie de plus de 660 titres.

34. JUNG (C.G.), *Alchemical Studies,* Princeton, Princeton Univ. Press, 1967.

35. KAMALA-JNANA, *Dictionnaire de Philosophie alchimique,* voir le détail à III, A, 17.

36. KHUNRATH (H.), Voir IV, B, 42, *Alchymish-Philosophisches . . .*; IV, B, 43, *Amphitheatrum aeternae . . .;* IV, B, 44, *De igne magorum . . .;* IV, B, 45, *Von Hylealischen . . .*; IV, B, 46, *Wahrhafter Bericht . . .*

37. LACARRIÈRE (J.), *La cendre et les étoiles,* Paris, André Balland, 1970.

38. LALANDE (A.), *Vocabulaire technique et critique de la philosophie,* Paris, P.U.F., 1962, « Philosophie ».

39. LANCRI (S.), *L'alchimie, science de la matière et de l'esprit,* dans *Le Lotus Bleu,* 1968, n. 4, p. 97-113. Alchimie et théosophie.

40. LANGLOIS (C.V.), *La connaissance de la nature et du monde au Moyen-Âge,* Paris, Hermann, 1911.

41. LARMANDIE (Comte de), *Notes sur l'ésotérisme ; Magie et Religion,* Paris, Chamuel, 1898. Philosophie rosicrucienne.

42. MAHDIHASSAN (S.), *Imitation of Creation by Alchemy and its corresponding symbolism,* dans *Abr-Nahrain,* Pays-Bas, 1972, p. 95-117. Voir aussi III, C, 56.

43. MATHIS (G.A.), *La science des symboles,* Rueil, M. Spaëth, 1961.

44. METZNER (R.), *Maps of Consciousnous,* 1971. « Alchemy ».

45. OUY (A.), *La philosophie secrète des alchimistes,* Paris, Laval, 1942.

46. PERROT (E.), *La voie de transformation d'après C.G. Jung et l'alchimie,* Paris, Librairie de Médicis, 1970.

47. PETIBON (A.), *Le Tarot, clef de l'hermétisme universel,* Paris, Omnium littéraire, 1959-68, 3 vol.

48. POISSON (A.), *Cinq traités d'alchimie des plus grands philosophes, Paracelse, Albert le Grand, Roger Bacon, R. Lulle, Arn. de Villeneuve, traduits du latin au français ; précédés de la table d'émeraude, suivi d'un glossaire,* Paris, Chacornac, 1890.

49. POISSON (A.), *Théories et symboles des alchimistes,* Paris, Chacornac, 1891 ; rééd. Études traditionnelles, 1966.

50. REDGROVE (H.S.), *Alchemy : Ancient and Modern . . . ,* voir le détail à III, C, 71.

51. RUSSELL (B.), *A History of Western Philosophy,* New-York, Simon and Schuster, 1959. Index.

52. SALMON (W.), *Bibliothèque des philosophes . . . ,* voir le détail à IV, B, 80.

53. TODOROV (T.), *Introduction à la littérature fantastique,* Paris, Le Seuil, 1969.

54. UEBERWEG (F.), *Grundiss der Geschichte der Philosophie,* Berlin, E.S. Mittler und Sohn, 1894-1902.

55. WAITE (A.E.), *Lives of Alchemystical Philosophers,* voir le détail à III, C, 91.

56. WIRTH (O.), *Le Symbolisme hermétique dans ses rapports avec l'Alchimie et la Franc-Maçonnerie,* Paris, Le Symbolisme, 1931 ; rééd. Paris, Devry-Livres, 1970.

B. Histoire de la science

1. BEAUJOUAN (G.), *La Science dans l'Occident médiéval ; Les Recettes de l'alchimie,* dans *Histoire Générale des Sciences ; La Science antique et médiévale,* Paris, P.U.F., 1957, p. 517-582.

2. COLLABORATION, *Encyclopédie internationale des Sciences et des Techniques.* Voir le détail à V, C, 1.

3. DAMPIER (W.), *A History of Sciences and its Relations with Philosophy and Religion,* trad. franç., Paris, Payot, 1951.

4. ENRIQUES (F.), *Signification de l'histoire de la pensée scientifique,* Paris, Hermann et Cie, 1934.

5. FARRINGTON (B.), *Science in Antiquity,* Oxford, Oxford University Press, 1969.

6. FIGUIER (L.), *Vie des savants illustres depuis l'Antiquité jusqu'au 19e siècle,* Paris, Hachette, 1876-1881.

7. HANOTAUX (G.), *Histoire de la nation française,* Paris, Société de l'histoire nationale, Plon-Nourrit, 1920-29, 15 vol. ; vol. XIV et XV.

8. HOEFER (J.C.F.), *Histoire de la chimie...,* voir le détail à III, C, 39.

9. KRUMBACHER (K.), *Histoire de la littérature byzantine,* Fascicule IV, Aix-en-Provence, Faculté des Lettres et Sc. Humaines, 1970 ; trad. par P.P. Chamaris de la traduction grecque de G. Soliriadis. Il s'agit de « littérature » scientifique ; couvre l'alchimie, la minéralogie, la polémologie, etc.

10. MIELI (A.), *La science arabe et son rôle dans l'évolution scientifique mondiale,* Leiden, E.J. Brill, 1966.

11. NEWMAN (J.R.), *The Harper Encyclopedia of Science,* Washington, D.C., Harper and Row Publishers, 1967. « Alchemy », « Chemistry ».

12. PAGGENDORFF (J.C.), *Biographisch-Litteraturisches Handwörterbuch der Exakten Naturwissenschaften,* Leipzig, Barth, 1864-1940. Tomes I et II : « Des origines à 1858 ».

13. REY (A.), *La science dans l'Antiquité,* Paris, La Renaissance du Livre, 1930, 2 vol.

14. ROSTAND (J.), *Science fausse et fausses sciences,* Paris, Gallimard, 1958. « Biologie ».

15. SARTON (G.), *A Guide to the History of Science,* Waltham, Chronica Britanica, 1957.

16. SARTON (G.), *A History of Science ; Ancient Science through the Golden Age of Greece,* Cambridge, Mass., Harvard University Press, 1952. Couvre l'Égypte et le Stoïcisme.

17. SARTON (G.), *Ancient Science and Modern Civilization,* New-York, Harper and Brothers, 1959.

18. SARTON (G.), *Introduction to the History of Science,* Baltimore, Williams and Wilkins, 1927-48, 5 vol. ; rééd. 1966.

19. SARTON (G.), *On the History of Science,* Cambridge, Mass., Harvard University Press, 1962.

20. SARTON (G.), *The Life of Science ; Essays in the History of Civilization,* New-York, Henry Schumann, sans date.

21. SIKORA (J.J.), *The Scientific Knowledge of Physical Nature,* Bruges-Paris, Desclée de Brouwer, 1966.

22. THORNDIKE (L.), *A History of Magic and Experimental Science,* New-York, Columbia University Press, 1923-56, 7 vol. ; rééd. 1960, 9 vol. Tables générales et vol. VIII.

23. WAITE (A.E.), *The Occult Science,* Londres, Redway, 1891.

C. **Histoire de la technique**

1. COLLABORATION, *Encyclopédie internationale des Sciences et des Techniques,* Paris, Groupe des Presses de la Cité, 10 vol., 1969. Tome I : « alchimie », tome III : « chimie ».

2. FERGUSON (E.S.), *Bibliography of the History of Technology,* Cambridge, Mass., M.I.T. Press, 1968.

3. GILLE (B.), *Histoire Générale des Techniques ; Les Origines de la Civilisation Technique,* Paris, Presses Universitaires de France, 1967, tome I, sixième partie, ch. V ; l'index des matières : « métallurgie », « métaux », « minium », « alcool », « or », etc.

4. HOLMYARD (E.J.), *Alchemical Equipment,* dans *A History of Technology,* New-York et Londres, Oxford University Press, 1956, vol. II, ch. 2, voir aussi *Index of Subjects* à « Alchemy », « Chemical Industry » et « Destination »; voir aussi les planches 78 et 79.

5. MARX (J.), *Alchimie et Palingénésie,* dans *Isis,* n. 213, 1971, p. 275-289 ; la palingénésie est la technique « chimique » de revivification d'un organisme à partir de ses cendres.

6. TOLHAUSEN (A.) et TOLHAUSEN (L.), *Dictionnaire technologique dans les langues française, anglaise et allemande renfermant les termes techniques usités dans les arts et métiers et dans l'industrie en général,* Leipzig et Londres, chez B. Tauchnitz (Leipzig) et Sampson Low, Mortson et Cie (Londres), 1883, 3 vol. Consulter l'avant-propos, lequel définit la politique adoptée par les auteurs concernant le vocabulaire se rapportant au domaine de la chimie.

7. WOLF (H.), *Johann Kunckel von Löwenstern, Glasmacher und Alchimist,* dans *Urania,* 1968, n. 2, p. 1638-1703, techniques du verre, « alchimistes » et « souffleurs ».

D. Histoire de la médecine

1. *Histoire de la minéralogie et de la métallurgie.*

1. AMBELAIN (R.), *Le dragon d'or ; Rites et aspects occultes de la recherche des trésors,* Paris, Niclaus, 1958. Étude de l'imaginaire concernant l'acquisition de l'or matériel, voir aussi III, C, 3.

2. BERTHELOT (M.P.E.), *Explosive Materials,* trad. angl. M. Benjamin, New-York, D. Van Nostrand, 1883, bibliographie. La série de conférences est suivie d'un traité de Karl Brown sur l'histoire de la poudre à canon. Voir I, 4, « alchymistici ».

3. BROWN (K.), *Explosive Materials,* voir V, D, 2.

4. DE LOUVAY (L.), *Minéralogie des anciens ou exposé des substances du règne minéral connues dans l'Antiquité,* Bruxelles, Wissenbruck, 1803, 2 vol.

5. ELIADE (M.), *Forgerons et alchimistes* (1956) ; Paris, Flammarion, 1971.

6. GESSMANN (G.W.), *Die Geheimsymbole der Chermie und Medizin des Mittelalters* (1889) ; Munich, F.C. Mickl, 1900, voir aussi du même auteur : *Aus Uebersinnlicher Sphäre ...,* (sur les sciences occultes) ; *Katechismus der Handiesekunst* (sur la chiromancie).

7. HOEFER (J.C.F.), *Histoire de la botanique, de la minéralogie et de la géologie ...,* voir le détail à V, B, 2, 7.

8. HOEFER (J.C.F.), *Histoire de la chimie depuis les temps ...,* voir le détail à III, C, 39.

2. *Histoire de la biologie (botanique, zoologie, embryologie).*

1. AMBARD (L.), *La biologie,* Paris, E. de Boccard, 1930.

2. BERTHELOT (M.P.E.), *Chimie végétale et agricole,* Paris, Masson et Cie, 1899, « azote », « acides », « vins ».

3. CANGUILHEM (G.), *La monstruosité et le monstrueux,* dans *Diogène,* n. 40, oct.-déc., 1962.

4. CELESTINO DA COSTA (A.), *Éléments d'embryologie,* Paris, Masson et Cie, 1938.

5. *CHYMIA,* (périodique), voir III, B, 8.

6. GAULLERY (M.), *Histoire des sciences biologiques en France,* Paris, Plon, 1924.

7. HOEFER (J.C.F.), *Histoire de la botanique, de la minéralogie et de la

géologie depuis les temps les plus reculés jusqu'à nos jours, Paris, Hachette, 1872.

8. LOCY (W.), *Biology and its Makers,* New-York, Holt, 1925, couvre l'Antiquité.
9. MEYER (E.H.F.), *Geschichte der Botanik,* Königsberg, Gebrüder Bornträger, 1854-57.
10. MEYER (J.), *The Rise of Embryology,* Stanford, University Press, 1939.
11. MICCA (G.), *Un capitolo della biologia medioevale : gli alchimisti,* dans *Minerva med.,* 1968, n. 92, p. 4956-4960.
12. NEEDHAM (J.), *A History of Embryology,* Cambridge University Press, 1934.
13. ROSTAND (J.), *La formation de l'être ; histoire des idées sur la génération,* Paris, Hachette, 1947.
14. SINGER (C.), *A History of Biology,* New-York, Schumann, -950.
15. WILLIAMS (H.S.), *Modern Development of the Chemical and Biological Science . . .,* voir le détail à III, C, 94.

3. *Histoire de la pharmacie et de la toxicologie.*

1. ALLENDY (R.), *L'alchimie et la médecine, étude sur les théories hermétiques dans l'histoire de la médecine,* Paris, Chacornac, 1917.
2. ANDRÉ-PONTIER (L.), *Histoire de la pharmacie. Origines. Moyen Âge. Temps modernes,* Paris, O. Drouin, 1900.
3. BERNUS (A. Von), *Alchimie et Médecine,* Paris, Daigles, 1959.
4. BOLTON (H.C.), *Historical notes on the gold-cure,* New-York, D. Appleton and Cie., 1892 ; réimpr. de *Popular science monthly,* août, 1892.
5. BOUVET (M.), *Histoire de la pharmacie en France des origines à nos jours,* Paris, Occitania, 1937.
6. BUNTZ (H.), *L'alchimie et son importance dans les domaines divers,* Ceskosl Farm, Ceskosl, 1971, rédigé en slovaque, couvre les rapports avec la pharmacie.
7. CANSELIET (E.), *Quelques réflexions alchimiques sur les drogues,* dans *Cahiers de la Tour St-Jacques,* 1960, 1er trimestre, « La Drogue », p. 46-56.
8. D'ERGE (F.), *La mort de Germanicus et les poisons de Catigula,* dans *Janus,* 1969, n. 2, p. 123-148. Aspect toxicologique, orpiment et arsenic.
9. FERGUSON (J.), *Bibliotheca chemica : A Catalog . . .,* voir le détail à II, 16.

10. GRAY COOLEY (D.), *The Science Book of Modern Medecines,* New-York, Pocket Books, 1963, histoire de la toxicologie.

11. GUITARD (E.H.), *Deux siècles de presse au service de la pharmacie et cinquante ans de « l'Union pharmaceutique ». Histoire et bibliographie des périodiques intéressant les sciences, la médecine et spécialement la pharmacie en France et à l'étranger...*, Paris, en vente à la Pharmacie centrale de France, 1913.

12. GUITARD (E.H.), *Manuel d'histoire de la littérature pharmaceutique,* 1942.

13. HOEFER (J.C.F.), *Histoire de la chimie depuis les temps...*, voir le détail à III, C, 39.

14. JALOUX (M.) et BRUNTZ (L.), *Plantes officinales et plantes à drogues médicamenteuses,* Vigot, 1918, lexique latin et lexique des pharmacopées.

15. MAHDIHASSAN (S.), *Imitation of Creation by Alchemy and its Corresponding Symbolism,* voir le détail à V, A, 42.

16. MICCA (G.), *Il tabacco nella Storia della Medicina,* dans *Minerva med.,* 1968, n. 13, p. 697-700, histoire médicale et toxicologique du tabac depuis le XVième s.

17. MURAISE (E.), *Le livre de l'ange,* voir le détail à III, C, 63. Toxicologie et alchimie : p. 129-130.

18. PIOBB (P.V.), *Formulaire de haute magie,* Paris, Dangles, 1937, ch. XVII : « emploi des drogues psychiques », p. 325-334.

19. RENTIER DE ROSEMONT (L.), *Histoire de la pharmacie à travers les âges,* Paris, Peyronnet, 1931, 2 vol.

20. REPLAY (L.), *Alchimie et Pharmacie,* dans *Gysgyszerészet Magyar,* 1970, n. 12, p. 470-473, rédigé en hongrois. Mss., ouvrages, flacons.

21. SALMON (W.), *Synopsis medicinae, or a conpendium of astrological, Galenical and chymical physick. Philosophically deduced from the principles of Hermes and Hippocrates...*, Londres, R. Jones, 1671, 3 vol., Galien, Paracelse et autres autorités médicales.

22. SCHNEIDER (Dr.), *Deutsche Gesellschaft für Geschichte der Pharmazie. Gründungsversammlung der Landes-Gruppe Westfalen-Lippe,* dans *Pharm. Ztg,* 1972, n. 21, réunion tenue à Dartmund le 10 mai 1972. Conférence du Dr. Schneider sur les remèdes alchimiques (Grèce, Arabie, Chine, Europe) ; selon le *Bulletin Signalétique,* 522, 1972, n. 4, 4624.

23. SCHNEIDER (W.), *Lexicon alchemistische — Pharmazeutischer Symbole,* (1755 et 1962), voir le détail à II, A, 23.

24. SONOLET (J.), *Médecins alchimistes,* dans (Entretiens de Bichat), 1965.

25. STERNON (F.), *Quelques aspects de l'art pharmaceutique et du médicament à travers les âges,* Paris, Masson, 1933.

26. WALLER (E.), *Bibliotheca Walleriana,* voir le détail à II, 29.

E. **Histoire de la magie (sciences occultes)**

N.B. Consulter aussi V, section A.

1. AMADOU (R.), *L'Occultisme,* Paris, Julliard, 1950.

2. BARRETT (F.), *The Magnus or Celestial Intelligence . . . ,* voir le détail à V, A, 7.

3. CAILLET (A.L.), *Manuel bibliographique des sciences occultes,* voir le détail à II, 8.

4. DE GRIVY (G.), *Le Musée des sorciers, mages et alchimistes,* voir le détail à III, C, 22.

5. DOREON-AINÉ (éditeur), *Bibliotheca Esoterica,* voir le détail à II, 10.

6. DU FRESNOY (N.L.), *Traité historique et dogmatique sur les apparitions, les visions et les révélations particulières,* Avignon et Paris, J.M. Leloup, 1751.

7. DUMAS (F.R.), *Histoire de la magie,* Paris, Belfond, 1970.

8. EDSMAN (C.M.), *Ignis divinus : le Feu comme moyen de rajeunissement et d'immortalité : contes, légendes, mythes et rites,* Lyon, C.W.K. Gleerup, 1949, voir aussi GARSTIN (E.L.), *The Fire of the Alchemists,* détail à V, A, 23.

9. GESSMANN (G.W.), *Die Geheimsymbole der Chemie . . . ,* voir le détail à V, D, 1, 6.

10. GILBERT (E.), *Sorciers et magiciens,* Paris, Moulins, 1895.

11. JONES (M.), *Occult Philosophy,* voir le détail à V, A, 32.

12. JOUIN (E.), DESCREUX (U.), Éditeurs de la *Bibliographie occultiste . . . ,* voir V, E, 18.

13. *MAN, MYTH and MAGIC* (encyclopédie), voir le détail à III, A, 8.

14. MAUDIT (J.), *Aux frontières de l'Irrationnel,* Paris, Table Ronde, 1965.

15. MAUDE (G.), *Apologie pour les grands hommes accusés de magie,* Paris, 1625.

16. MAURY (A.), *La magie et la sorcellerie,* rééd. Paris, Denoël, 1970.

17. PAPUS, *Traité méthodique de science occulte,* rééd. Paris, La diffusion scientifique, 1969, nom véritable de l'auteur : Gérard Encausse.

18. PEETERS-BAERSOEN (A.), *Bibliographie occultiste et maçonique ; répertoire d'ouvrages imprimés et manuscrits qui ont paru sur la Franc-Maçonnerie, les Rose-Croix, les Templiers, les Illuminés, les Carbarari, les Sociétés secrètes, la magie, le mesmérisme, etc ...,* Paris, Revue Internationale des Sociétés secrètes, 1930 ; (982 références), l'ouvrage couvre aussi l'alchimie et la sorcellerie.

19. PIOBB, *Clef Universelle des Sciences Secrètes ; Élucidation complète des traditions en Magie, Alchimie, Astrologie,* Paris, Champs-Élysées, 1954.

20. ROSTAND (J.), *Science fausse et fausses sciences,* voir le détail à V, B, 14.

21. SELIGMAN (K.), *Le Miroir de la Magie, Histoire de la Magie dans le Monde Occidental,* Paris, Sagittaire, 1956, 1961.

22. THORNDIKE (L.), *A History of Magic and Experimental Science,* voir le détail à V, B, 22.

23. THORNDIKE (L.), *The Place of Magic in the Intellectual History of Europe,* New-York, Columbia University Press, 1905.

24. TONDRIAU (J.), *L'occultisme,* Marabout Université, n. 38, Verviers, 1964.

25. WAITE (A.E.), *The Occult Science,* voir le détail à V, B, 23.

26. YVE-PLESSIS (R.), *Essai d'une bibliographie (...) de la sorcellerie,* voir le détail à II, 31.

F. **Histoire de l'astronomie ; code astrologique**

N.B. Retracer l'astrologie dans l'histoire de l'astronomie demande une démarche analogue à celle de retracer l'alchimie dans l'histoire de la chimie. 1) Je ne relève que quelques études générales modernes. 2) Code astrologique.

1. *Histoire moderne de l'astronomie.*

1. BIGOURDEAU (G.), *L'Astronomie, évolution des idées et des méthodes,* Paris, Flammarion, 1911.

2. DELAMBRE (J.B.), *Histoire de l'astronomie,* Paris, Courcier, 1817-27, 6 vol.

3. DREYER (J.L.), *A History of Astronomy from Thales to Kepler* (1906), New-York, Dover Publication, 1953, titre de l'édition originale : *History of the Planetary System.*

4. DUHEM (P.), *Le système du monde, Histoire des doctrines cosmologiques de Platon à Copernic,* Paris, Hermann, 1913, 7 vol. ; rééd. 1959, notamment le tome V, ch. 6, section X : « La chimie kabbalistique ».

5. FAYE (H.), *Sur l'origine du monde. Théories cosmologiques des anciens et des modernes,* Paris, Gauthier-Villars et fils, 1896.

6. LEBON (E.), *Histoire abrégée de l'astronomie,* Paris, Gauthier-Villars, 1889, bio-bibliographie.

7. TANNERY (P.), *Recherches sur l'histoire de l'astronomie ancienne...* Paris, Gauthier-Villars, 1893.

2. *Sur le code astrologique.*

1. CANSELIET (E.), *Index des symboles chimiques,* voir le détail à III, C, I.

2. CHEVALIER (J.), *Dictionnaire des symboles,* couvre l'alchimie et l'astrologie, voir III, A, 10.

3. HADES, *Manuel complet d'interprétation du tarot,* Paris, Niclaus, 1968.

4. HALL (M.P.), *Astrological Keywords, Compiled from Leading Authorities,* Philadelphie, David McKay Company, 1931, voir aussi III, A, 14.

5. LHOTE (J.M.), *Le tarot : Discours en forme de catalogue...*, Paris, J.J. Pauvert, 1971, catalogue de l'exposition organisée par la Maison de la Culture d'Amiens.

6. PETIBON (A.), *Le tarot, clef de l'hermétisme...*, voir le détail à V, A, 47.

7. WIRTH (O.), *Le tarot des imagiers du moyen âge,* Paris, Tchou, 1966, préface de Roger Caillois.

VI. L'ALCHIMIE DANS L'HISTOIRE DE L'ÉCRITURE

A. Histoire générale de l'écriture

1. BOLTON (H.C.), *The Litterature of Alchemy,* voir le détail à III, C, 9.

2. CARRINGTON (H.C.), *Chemical Litterature,* Salem, chez l'Auteur, 1882, conférence.

3. COHEN (M.), *La grande invention de l'écriture et son évolution,* Paris, Imprimerie Nationale, 1958.

4. COHEN (M.), *L'écriture,* Paris, éditions sociales, 1953, ch. I et II.

5. FÉVRIER (J.G.), *Histoire de l'écriture,* Paris, Payot, 1948, ch. IV et V.

6. GERBER (B.L.), *JEAN GENET : The Writer as Alchemist : Metamorphoses in Fiction and Reality,* dans *Dissertation Abstracts International,* 1969, n. 12.

7. HIGOUNET (C.), *L'écriture,* (Que sais-je), Paris, P.U.F., 1959, ch. I et II.

8. LEJEUNE (M.) *Le langage de l'écriture,* (L'évolution humaine), Paris, 1934, tome 3, p. 201-340.

9. LLORACH (E.A.), *Les représentations graphiques du langage,* dans *Le Langage,* La Pléiade, Paris, Gallimard, 1968.

10. PEIGNOT (J.), *De l'écriture à la typographie,* (Idées), n. 126, Paris, Gallimard, 1967.

11. RABATE (H.), *Alchimie, Chimie et Linguistique, Métaux, Pigments, Couleurs et Noms propres,* dans *Peint. Pigm. Vernis,* 1971, n. 6, p. 325-327. Origine alchimique de plusieurs noms donnés à plusieurs « matières ».

12. READ (J.), *The Alchemist in Life, Literature and Art,* voir le détail à III, C. 69.

13. SCRIPTORIUM, Anvers et Bruxelles, 1945, voir les années 1949, 1956, 1957, 1960, 1962, 1963, 1966, 1968, 1970, 1972.

14. STRAUSS (L.), *Persecution and the Art of Writing,* Glencoe, The Free Press, 1952.

15. TODOROV (T.), *Introduction à la littérature fantastique,* voir le détail à V, A, 53.

16. VENDRYES (J.), *Le langage ; Introduction linguistique à l'histoire,* Paris, Albin Michel, 1968, cinquième partie, ch. 1.

B. Histoire de l'idéographie (hiéroglyphie)

1. ANONYME, *Jardinet Hermetico-Spagyrite* (160 médaillons), voir le détail à IV, B, II.

2. BERTHELOT (M.P.E.), *Sur les métaux égyptiens ; étude sur un étui métallique et ses inscriptions,* dans *Monuments et mémoires : Académie des Inscriptions et des Belles-Lettres,* Paris, Commission de la Fondation Piot, 1894.

3. BOAS (G.), *The Hieroglyphics of Horapollo,* New-York, chez l'Auteur, Bollingen Series, XXIII, 1950, voir VI, B, 11.

4. CHAMPOLLION (J.F.), *Dictionnaire égyptien, en écriture hiéroglyphique,* édité par M. Champollion, Figeac, Paris, Firmin Didot, 1841 ; voir aussi du même Auteur *Lettre à M. Dacier (. . .), L'alphabet des hiéroglyphes phonétiques (. . .) ; Académie des Inscriptions et des Belles-Lettres,* Paris, Commission de la Fondation Piot, 1894.

5. COHEN (M.), *L'Écriture,* voir le détail à VI, A. 4.

6. DEE (J.), *Monas hieroglyphica,* voir le détail à IV, B, 25, voir aussi IV, A, 7.

7. DERRIDA (J.), *De la grammatologie,* Paris, Minuit, 1967, ch. I et II.

8. FÉVRIER (J.G.), *Histoire de l'écriture,* voir le détail à VI, A, 5 ; index alphabétique.

9. FLAMEL (N.), *Le livre des figures hiéroglyphiques,* voir le détail à IV, B, 33.

10. GOULIANOF, *Essai sur les hiéroglyphes d'Horapollo,* Paris, 1827.

11. HORAPOLLO, *Hori Apollinis Selecta hieroglyphica, sive sacrae notae Aegyptorium, et insculptae imagines,* Rome, 1597, voir le détail VI, B, 3.

12. IDELER (J.L.), *Hermapion sive Rudimenta hieroglyphicae veterum Aegyptorium litterature,* Leipzig, F.C.G. Vegell, 1841.

13. JUNG (C.G.), *Psychologie et alchimie,* voir le détail à V, A, 33, index : « hieroglyphica ».

14. LACAU (P.), *Sur le système hiéroglyphique,* Le Caire, Institut français d'archéologie orientale, 1954, vol. 25.

15. LANDAR (H.), *Language and Culture,* New-York, Oxford University Press, 1966, ch. 1, sections 3 et 4.

16. MAIER (M.), *Atalanta Fugiens,* voir le détail à IV, B, 58.

17. STOLTZENBERG (Stolzius Von), *Jardinet chimique,* voir le détail à IV, B, 83.

C. Histoire de l'iconographie (imagerie)

N.B. Symbole, symbolique : voir les numéros de V, A.

1. ANONYME, *The Unicorn Tapestries : a Picture Book,* New-York, Metropolitan Museum of Art, 1938.

2. ERNST PLOSS, *Ein Buch von Alten Farben. Technologie der Textilfarben im Mittelalter mit einen Ausblick auf die Festen Farben,* Heidelberg et Berlin, 1962. Recettes de colorants et de peintures, p. 155-57.

3. HOEFER (J.C.F.), *Histoire de la chimie depuis les temps les plus reculés jusqu'à notre époque,* voir le détail à III, C, 39.

4. MULTHAUF (R.P.), *The Arts of the Alchemists,* New-York, MacMillan, 1968.

5. READ (J.), *The Alchemist in Life, Literature and Art,* voir le détail III, C, 69.

6. VAN LENNEP (J.), *Art et alchimie : étude de l'iconographie hermétique et de ses influences,* Bruxelles, 1966, bibliographie de l'alchimie en rapport avec l'histoire de l'art.

D. **Histoire de l'architectographie (imagerie)**

1. AMBELAIN (R.), *Dans l'ombre des cathédrales,* Paris, Adyar, 1939.

2. CANSELIET (E.), *Deux logis alchimiques,* Paris, Jean Schemit, 1945.

3. CANSELIET (E.), *Notre-Dame de l'alchimie,* voir le détail à VI, D, 4, p. 55-69.

4. CARNY (L.), *Notre-Dame de Paris, Le message hermétique de la cathédrale,* Paris, chez l'Auteur, 1966-1969, recueil de textes sur le symbolisme de Notre-Dame : Canseliet, Gobineau de Monluisant, Hugo, De Nerval, Péguy et l'Auteur.

5. FULCANELLI, *Le mystère des cathédrales* (1926), Paris, Omnium littéraire, 1960 et Paris, J.J. Pauvert, 1964, 1970.

6. FULCANELLI, *Les demeures philosophales et le symbolisme hermétique dans ses rapports avec l'art sacré et l'ésotérisme du Grand Oeuvre* (1930), Paris, Omnium littéraire, 1962 et Paris, J.J. Pauvert, 1964, 2 vol.

Achevé d'imprimer
en janvier mil neuf cent soixante-quinze
sur les presses de l'Imprimerie Gagné Ltée
St-Justin, Qué.